世界经典民用飞机
大揭秘

【英】保罗·E. 艾登（Paul E. Eden） 编著

姜天元 马立军 殷莉 郜妮 李融冰 武元元 译

机械工业出版社
CHINA MACHINE PRESS

本书介绍了 20 世纪较为重要的数十种航空器，从经典的多尼尔·沃尔水上飞机，到世界上第一架全金属商业运输机"容克"F13，再到最新的空客 A380、巴航 E-jet 以及波音 787，勾勒出了民用飞机的发展史。

本书资料翔实、图文丰富，每个机型条目下都简单介绍了该机型的历史、关键特征及各种参数。另外，本书还收录各式飞机的 200 多张插图和照片，是航空爱好者和专业人士了解民用飞机不可多得的一本好书。

The World's Greatest Civil Aircraft / by Paul E.Eden / ISBN: 978-1-78274-245-6

Copyright © 2015 Amber Books Ltd

Copyright in the Chinese language(simplified characters) © 2020 China Machine Press

This translation of The World's Greatest Civil Aircraft first published in 2020 is published by arrangement with Amber Books Ltd.

This title is published in China by China Machine Press with license from Amber Books Ltd. This edition is authorized for sale in the Chinese mainland(excluding Hong Kong SAR, Macao SAR and Taiwan). Unauthorized export of this edition is a violation of the Copyright Act. Violation of this Law is subject to Civil and Criminal Penalties.

本书由 Amber Books Ltd 授权机械工业出版社在中国大陆地区（不包括香港、澳门特别行政区及台湾地区）出版与发行。未经许可的出口，视为违反著作权法，将受法律制裁。

北京市版权局著作权合同登记　图字：01- 2015- 6964 号。

图书在版编目（CIP）数据

世界经典民用飞机大揭秘 /（英）保罗·E. 艾登（Paul E.Eden）编著；姜天元等译 . —北京：机械工业出版社，2020.3（2025.4 重印）

书名原文：The World's Greatest Civil Aircraft

ISBN 978-7-111-65476-6

Ⅰ . ①世… Ⅱ . ①保… ②姜… Ⅲ . ① 民用飞机 - 世界 - 普及读物 Ⅳ . ① V271-49

中国版本图书馆 CIP 数据核字（2020）第 071299 号

机械工业出版社（北京市百万庄大街 22 号　邮政编码 100037）
策划编辑：李　军　责任编辑：李　军　於　薇
责任校对：张玉静　责任印制：张　博
北京华联印刷有限公司印刷
2025 年 4 月第 1 版第 7 次印刷
184mm×260mm · 13.75 印张 · 2 插页 · 330 千字
标准书号：ISBN 978-7-111-65476-6
定价：99.90 元

电话服务　　　　　　网络服务
客服电话：010-88361066　机　工　官　网：www.cmpbook.com
　　　　　010-88379833　机　工　官　博：weibo.com/cmp1952
　　　　　010-68326294　金　书　网：www.golden-book.com
封底无防伪标均为盗版　机工教育服务网：www.cmpedu.com

前言 PREFACE

商业航空虽然只有 100 多年历史，但从起步之初就陆续有了划时代的民用航空器，比如水上飞机、第一个增压飞行器、喷气式飞机以及超声速飞机。同时，飞机载客量也发生了巨大变化：20 世纪 20 年代，飞机还只能搭载 20 名乘客，而如今已有能承载 800 人的巨无霸飞机。

本书介绍了 20 世纪较为重要的数十种民用飞机。从经典的多尼尔·沃尔水上飞机，到世界第一架全金属商业运输机"容克" F13，再到最新的波音 777 和空客 A380，在本书中都有介绍。

本书涉及的民用飞机类型多样，既有货运飞机，又有飞船、客机、公务机，还有超声速运输机。本书重点介绍的民用飞机有：早期载客飞机"大力士"，福特三发动机飞机；道格拉斯 DC-4 巨型客机、德·哈维兰公司的"彗星"飞机，以及波音 737 同温层飞机等战后第一批洲际飞机；20 世纪 60 年代飞机发展黄金时期上市的翘楚维克斯 VC10 客机，它是喷气式飞机，这在当时还是新鲜事物，很受乘客青睐；航空史上机体最宽的"超级古比鱼"重型运输机；图波列夫设计局研制的图-144"战马"超声速客机以及英法合作研制的协和飞机，两者的飞行性能卓越，是冷战时期的竞争对手；新型客机巴西航空工业公司的 ERJ，以及目前较受欢迎的波音 747 和空客 320。

本书所列每个机型条目下都简单介绍了该型飞机的发展历史、关键特征以及各种参数，还收录了 200 多幅各型飞机的插图和照片，是航空爱好者踏上民用航空器欣赏之旅的绝佳向导。

译者序　　TRANSLATOR'S WORDS

身生双翼，翱翔天空，逃离地球束缚，自由飞翔天地间。这是人类自古以来的梦想。这个梦想不分国籍、不分种族，不分地域，激励着人们为实现梦想而奋斗不止。本书介绍了人类实现飞天梦想之始的最初的飞行器具，如何经历种种演变，一直发展到今日的大型快速客机，越洋、跨海，使人们自由飞翔之梦成真。

本书是《世界经典军用飞机大揭秘》的姊妹篇。这两本书分别从军用和民用的角度，为读者介绍了飞机诞生以来的经典机型，既有参数介绍，又有发展历程，更有研制过程中的秘闻趣事，是航空爱好者了解航空史和飞机发展的图鉴。

本书作者保罗·E.艾登是一名航空航天作家和编辑，为航空航天爱好者写书，也为企业媒体写文章，还担任过几家主要航空出版社的编辑，对世界航空史有深刻的理解。

从接到本书的翻译任务到任务完成，历时将近一年，译者多方查取资料，使得翻译过程也是一个了解学习过程，并且得到了领导和同事的激励和帮助。此书最终成稿，尤要感谢田洪刚参谋、范格华教员，他们为此任务颇费心血；还要感谢外语室的各位同仁，在此书翻译过程中给予了大量帮助，尤其是殷莉、马立军、郜妮、李融冰、武元元等几位教员，在具体细节上提供了翔实意见。

此书翻译仓促，错误在所难免。请读者不吝指正。

译者

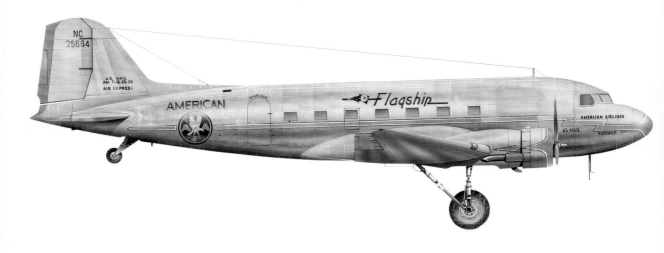

目录 CONTENTS

引言

仅仅过去了 100 多年，商用航空器就从由脆弱的木头和织物做成的简易机器发展成为一种最为高效的长途运输工具。而在 20 世纪的最初 10 年里，它还只能搭载一名乘客或者一袋邮件。

商业飞机通过搭载乘客、运输货物为运营商生成利润。1908 年 5 月 14 日，温布尔·莱特的飞机首次搭载乘客升空，为后来的航空运营播下了种子。1910 年 11 月 7 日，第一架货机运载两袋丝织品，从美国俄亥俄州代顿市飞达哥伦布市。1911 年 2 月 18 日，亨利·佩凯驾驶飞机运载 6500 件信函，从印度阿拉哈巴德市飞越亚穆纳河抵达奈尼枢纽站，完成了首次正式航空邮件运输。

航空邮件大大减少了运输时间，这对美国航空业和德国汉莎航空公司有着特别重要的意义。

第一次世界大战后，德国对南美地区有很大影响力，汉莎公司在该地区率先进行了飞机的商业运营。汉莎公司也花大力气开辟了从欧洲到拉美地区的航空邮路，促进了水上飞机性能的提升，并发展了水上导航技术。

最初，飞机运营商因运载能力而受到诸多限制。不过，飞机制造商很快就开始根据使用要求制造飞机，开始在飞机上设立封闭客舱、单独的行李空间，并开始安装日益复杂的导航和通信系统。一些飞机制造商很快就发现，飞机要想取得

协和飞机计划是迄今为止工程方面所取得的最重要的成就之一。但是，尽管它性能优异，却因经济性不佳而只被英国航空公司和法国航空公司使用。

成功，可靠、安全是最重要的因素。容克公司最先看透这一点，生产出了具有独立机身的 F13 型客机。作为第一架全金属客机，F13 为之后的飞机设立了标准，并奠定了容克飞机设计成为主流设计的地位。这种情况一直持续到第二次世界大战之前。当时，波音公司开创了新型设计，即波音 247。尽管波音 247 只售出寥寥数架，但是它却代表了飞机设计的新进步，它的很多设计即使在今天仍被奉为圭臬。它拥有全金属机身，机舱舒适并配有加热和通风系统，起落架可伸缩并配备两台发动机。两台发动机功率强大，即使其中一台发生故障，另外一台仍可将飞机保持在安全的高度上。

乘客很快就习惯了乘坐后掠翼喷气式飞机长途飞行。但是在短途市场上，配备活塞发动机的飞机仍然是霸主。随着美国洛克希德公司和英国维克斯公司成功制造出涡轮螺旋桨飞机发动机，旅客和飞机公司开始寻求能够匹敌长途运载飞机的短途飞机。不久之后，道格拉斯和波音就紧随法国东南公司的"快帆"飞机，开始生产他们自己的短途喷气式飞机。道格拉斯公司凭借 DC-9 处于领先地位，但是波音公司生产出了波音 737 进行反击。而波音 737 迄今仍是全世界最畅销的飞机之一。

由于飞机起落频繁、机场拥挤，航空运输开始遭遇瓶颈。波音公司认为应该发展承载能力更大的飞机。当欧洲还在为技术上先进但经济性较差的协和飞机"烧钱"时，波音公司先行研制出了首架宽体客机，并引发了飞机技术的又一次变革，这就是"大型喷气式客机"波音 747，它在问世 40 多年后仍在生产。

商业飞机的市场一直被波音公司把持，直到 20 世纪 60 年代末其地位才受到威胁。1970 年，西欧主要的飞机制造商联合成立了空中客车公司，利用波音公司的疏忽，生产出第一款产品，即短／

环球航空公司在其发展过程中，大量使用道格拉斯 DC-1 和 DC-2，并催生了 DC-3 型飞机，如图中所示。DC-3 是第二次世界大战前夕最为重要的商业飞机，它使道格拉斯公司成为一家卓越的飞机制造公司，其辉煌一直持续到 20 世纪 50 年代初期。

中途宽体客机 A300。从那时起，空客公司和波音公司就成了商业飞机市场中的一对竞争对手。

借助空客 A320 系列飞机，空客公司继续挑战波音 737 飞机。而在中途和长途飞行市场上，波音公司 767，777 以及 787 和空客公司的 A330、A350XWB 的争斗始终很激烈。波音公司最新型喷气式飞机 747-8 技术非常先进，而空客公司的双层"超级喷气飞机"A380 搭载乘客更多，但这两款飞机的销量都不怎么好。现在，两家公司都信誓旦旦地保证，不久之后，它们新型飞机的节油率将达到两位数，这很像加拿大庞巴迪公司和巴西航空工业公司在支线喷气式飞机上的类似竞争。商业飞机从未像今天这样技术如此先进、需求如此旺盛过。

黄金时期

　　由于受到第一次世界大战后盟军制定的《凡尔赛条约》的严格限制，德国航空业将其制造设备和优秀的人才都迁到了国外。如此一来，借助先进的设计，德国航空业仍旧在商业飞机生产上占据优势，其容克F13和道尼尔·沃尔在世界市场上销路很好。福克公司崛起后，凭借包括福克 VII–3m 在内的系列飞机，成为德系飞机最强竞争对手。由于三发动机飞机在美国十分畅销，福克公司还在美国建立了生产线。但是，这却最终促成了波音和道格拉斯飞机的完全现代化，二战中道格拉斯公司的 DC–3 还纳入了战时编制。在道格拉斯公司和洛克希德公司还在争论谁家的活塞式飞机更加美观之时，喷气飞机时代已经来临，而在喷气时代，波音才是真正的霸主。

涡轮螺旋桨客机，具有动力可控、简洁轻便、螺旋桨高效的特点，具备后活塞式飞机时期长距离飞行的优势，经济性高。长途乘客需要高速纯喷气式飞机，而涡轮螺旋桨客机，包括英国欧洲航空公司的维克斯公司的"子爵"号飞机，在短途客机市场中非常畅销。

容克 F13（1919）

容克 F13 往往被航空史学家称为第一架现代化客机，其全金属、封闭舱室构造为商业飞机开了先河。由于可靠性突出，采用轮式、漂浮板以及滑橇着陆装置的 F13 畅销全世界。

1910 年，胡戈·容克为其第一架飞机设计思路申请了专利，机翼采用全金属结构。这种非同寻常的设计，今天或许可称为飞行翼设计。尽管这仅仅是一种思路、一个概念，但是容克在之后的几款军用设计中都使用了全金属机翼。

容克采用了悬臂机翼设计，即机翼安装在机身下不用支撑杆，机翼表层采用波纹硬铝合金，这在当时都是非常先进的设计。当时战争形势已经明朗，第一次世界大战即将结束，容克让设计师建造一架类似结构的原型机。有消息称，在第一次世界大战休战日当天，容克便下令开发后来的容克 F13 飞机。

作为一架单发动机、下单翼飞机，容克 F13 飞机的密闭舱室可容纳 4 名乘客，露天驾驶舱可乘坐两名机组成员。容克 F13 是世界上首架金属机身客机，采用梅赛德斯 D.IIIa 直列式发动机。

机组人员
两名机组人员并排坐在露天驾驶舱内，各有风挡玻璃保护。F13 后期型号开始装备密闭驾驶舱。

座舱
舱内容纳四名乘客，乘客坐在舱内的长凳和两个单独座位上。乘客配备安全带，座舱加热。

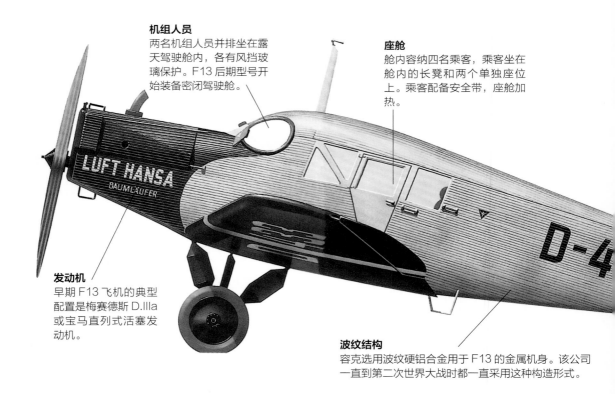

发动机
早期 F13 飞机的典型配置是梅赛德斯 D.IIIa 或宝马直列式活塞发动机。

波纹结构
容克选用波纹硬铝合金用于 F13 的金属机身。该公司一直到第二次世界大战时都一直采用这种构造形式。

F13 客机

德国汉莎航空公司成立于 1926 年，它从其自己的容克 - 汉莎运输公司购买了多架早期的 F13 飞机，用作德国航空的运输机型。

尾翼和方向舵

早期的 F13 飞机的特点是尾翼短小，采用鲜明的后掠式设计；方向舵形状与众不同。后期飞机尾翼变大，改进了方向舵。

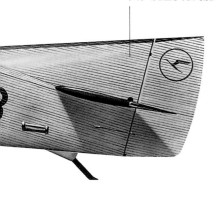

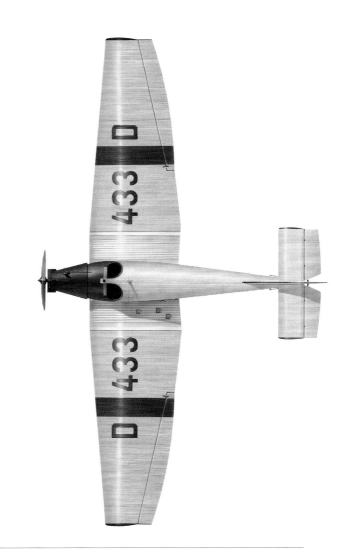

该款 F13 是后期型号，尾翼加高。另外，其座舱门形状也不是常规舱门。

1919 年 6 月 25 日，容克 F13 首飞；接下来，它还进行了第二次飞行。在第二次飞行时，飞机承载 6 名人员、加足燃料，装载了与行李等重的压舱石，在空中飞行了 3 个小时。

规格	
类型	露天驾驶舱、座舱封闭型飞机
尺寸	（早期型号）翼展 14.47 米、机长 9.59 米、机高 3.50 米
装载重量	1640 千克
动力装置	1 台 185 马力宝马 IIIa 6 缸直列活塞发动机
最大速度	173 千米 / 时
航程	1400 千米
使用升限	5000 米
机组人员	2
乘客	4

容克公司随后立即投产 F13，并配备多种发动机。由于该型飞机是容克航空运输公司的主力机型，因而销量得到大大提升。到 1926 年 1 月它与劳埃德航空公司合并成立汉莎航空公司之时，容克公司已经拥有 60 架 F13 飞机了。

全球服务

容克飞机的生产在 1921—1922 年曾一度中断。当时，根据裁军委员会的裁定，第一次世界大战胜利国试图管理德国的飞机生产。但是，飞机制造商将 F13 生产线迁往当时不属于德国的但泽（现称格但斯克，现属波兰），从而规避了限制。好像是由于担心容克 F13 的可靠性和性能表现得不够好，因此容克努力挤进该区域的主要飞机集团，以近乎不要钱的方式提供飞机，鼓励欧洲的航空公司使用该型飞机。

1925 年，欧洲 16 国的航空公司合并，组成"欧洲联盟"，而联盟中的各航空公司配备的全部都是 F13。但是，容克并不满足于只在欧洲称雄。他开始着手在中东地区开设航线，容克航空运输公司开始在伊朗运营。另外，容克还充分挖掘德国在南美地区的利益，凭借卓越的 F13 飞机，在南美地区获得了先机——在该地区成立了多家航空公司。除了吸引欧洲运营商的卓越特性，南美客户对 F13 飞机的漂浮起落装置更感兴趣。这是因为在巴西浓密的热带丛林里，用于飞机起降的大片水域要比平坦、无障碍的陆地更容易找到。

即使不用轮子或者浮筒，F13 飞机使用雪橇式起落架也可起降，因此加拿大丛林运营商们就想利用该飞机的可靠性在偏远地区开展服务。加拿大水域辽阔，飞机起落最需要的就是浮筒；但是由于冬天酷寒，在冰雪上也需要轮子和雪橇才能继续飞行。

F13 演变

生产过程中，F13 基本型做了诸多改进，在 1919 年之后的 12 年里，共交付了 345 架。尽管生产了 8 架容克·拉森 JL6 型飞机，但是为北美市场建造的 F13 飞机几乎没有拉森公司的设计，这些飞机多数用于美国邮政线路，还至少有一架交付给了哥伦比亚。

F13 机身变化很小，但是其尾翼进行了改进，从最初的鲜明后掠式浅面形状变成了深长的传统构造。许多发动机都适配这种机身，包括英国、德国、法国和美国的星形发动机和直列式发动机。1951 年，世界上最后一台 F13 飞机在巴西退役。

多架 F13 进入军队服役，成为多用途运输飞机。经过改装，其中一些用于运送炸弹并配备了防御武器。德国空军拥有大量的无线电 / 导航教练机，而南美的 F13 机队则被广泛用于当地冲突中。

样式多样的浮筒式水上飞机

在商业飞行的早期阶段，世界上很多地方都没有或者仅部分地方零星分布有一些适合飞机起降的设施，而湖泊、河流，甚至海洋却比较易于利用，于是，浮筒式和船身式水上飞机就成为当时常见的飞行设备。因此，尽管在空气阻力、重量甚至性能上有损失，航空公司还是专门采取 F13 的易转换漂浮起落架。除了安装浮筒外，F13 的基本型几乎不用改动。但是无论如何，浮筒都会对飞机的方向控制造成损害，所以一些 F13 加高转向舵，从机腹下延伸出来。

匈牙利航空快递公司拥有大量的 F13 浮筒式飞机，包括 H-MACA、MACC、MACE 和 H-MACF，还有本图里的 MACB 型号。下图是布达佩斯多瑙河上的一个水上飞机机场。

多尼尔·沃尔水上飞机（1922）

和容克飞机相似，多尼尔水上飞机也因其卓越的金属结构商业飞机而著名。沃尔水上飞机在以水上飞机运输为主的那个时代足以称雄，甚至在 20 世纪 30 年代末，它因发展潜力巨大还颇具活力，成为汉莎航空公司南美邮政线路的基石。

《凡尔赛条约》限制德国制造飞机的条款只要求将德国最具雄心的航空公司和设计人员赶出德国，并没有造成过多影响。通过在意大利、瑞典和瑞士建立制造厂，这些德国公司辛勤劳作，创造出了世界一流的设计，其中很多都成为欧洲航空网络的基石。它们也在南美做了很多重要工作，并为德国军用飞机在第二次世界大战之初拥有绝对优势打下了基础。

克劳迪斯·多尼尔是位设计天才，特别是在设计金属结构飞机方面，更是非常杰出。他从 1910 年起就在齐柏林水上飞机公司任职，不久齐柏林·林岛（Zepplin-Lindau）公司就将水上飞机研发部门交给他负责。随后一些简单系列的水上飞机原型问世，同时还有一些小型军事设计。1919 年后，多尼尔开始研究民用航空器。而 1919 年建造的 6 座 Gs I 型水上飞机在 1920 年

发动机
Do R4 水上飞机有四台发动机，背靠背成对推挽方式安装在两侧机翼上。

驾驶舱
DoJ 水上飞机露天驾驶舱在前，而超级沃尔的驾驶舱移到机尾，偏向舱门。

LUFT HANSA
POTTWAL

翼梢浮筒
大型翼状浮筒安装在机体两侧，包括密封舱室，不必使用后翼浮筒即可提供水上稳定性。

被盟军摧毁，理由是违反了相关管制规定。由于9座的 Gs II 水上飞机也不合法，因此齐柏林·林岛公司就更名为多尼尔金属制造公司，并在意大利设立分支公司，用于研发 Gs II 水上飞机。

沃尔初显

Gs II 水上飞机又称沃尔水上飞机，其原型机于 1922 年 11 月 6 日首飞。主要为金属制造，该水上飞机机体宽大，带有宽阔的舷翼梢浮筒，使之保持水上稳定。机翼安装在机体上方的支柱上，双发动机按照推挽式布局安装在二者的中心线上。

在欧洲和南美洲市场，该水上飞机大获成功，并在载客量以及适合发动机装备方面具有很大的

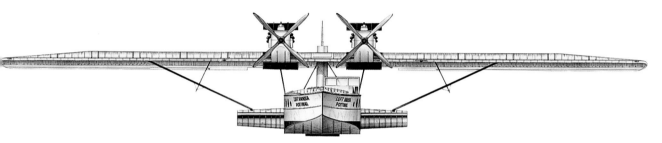

汉莎航空公司拥有 7 架 Do R4 水上飞机，其 D-1337 Porttwal 采用了"纳皮尔狮"直列式发动机，而不是标准的"木星"发动机。

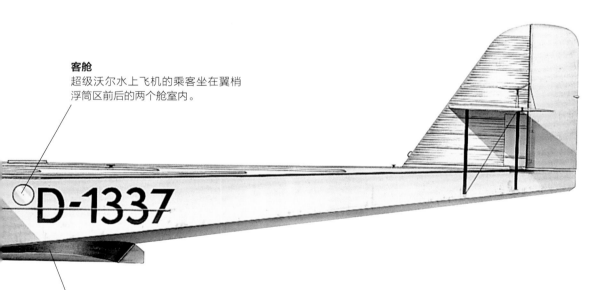

客舱
超级沃尔水上飞机的乘客坐在翼梢浮筒区前后的两个舱室内。

机体
沃尔水上飞机机身采用了两段式设计，水上方向舵安装在第二段的机身后缘上。

发展空间。多尼尔 1933 年在德国腓特烈港建立生产线前，沃尔水上飞机在意大利生产，而在日本、荷兰、西班牙和瑞士也获得了生产许可。

在 Do J 的基本型号下，出现了沃尔水上飞机的其他衍生型，主要是在动力装置方面有所不同，包括汉莎航空公司的所谓 8 吨和 10 吨沃尔水上飞机。军方也对该型水上飞机很感兴趣，沃

1932 年，沃夫冈·冯·格罗瑙驾驶 Do J D-2053 型水上飞机环游世界。该水上飞机被命名为格罗瑙·沃尔号（格陵兰鲸鱼号）。

尔水上飞机意大利产品线包括为西班牙海军生产的水上飞机，它配备 360 马力的罗尔斯·罗伊斯鹰式发动机。由于该水上飞机性能卓越，它在 1925 年便创造了很多世界纪录。罗尔德·阿蒙森在进行北极之旅也购买了两架沃尔水上飞机，其机组人员驾驶水上飞机飞过了北极冰盖极北处。

超级沃尔水上飞机

Do J 水上飞机驾驶员位于机首的露天驾驶舱内，其后是领航员和无线电操控员。他们后面的机体空间可以混合装载货物、邮件以及乘客，后者容量受前者影响，标配 12 名乘客。

为了完全探究沃尔水上飞机的潜能，多尼尔于 1926 年 9 月首次驾驶 Do R2 型超级沃尔水上飞机飞行。由于翼展更宽、艇体更大，R2 型水上飞机拥有两个舱室，满员时可以装载 19 名乘客，水上飞机动力由一对 650 马力的罗尔斯·罗伊斯"秃鹫"发动机提供。尽管还能进一步发展，但在

规格（Do R4 超级沃尔）	
类型	四发动机、运输水上飞机
尺寸	翼展 28.60 米、艇长 24.60 米、艇高 6 米
装载重量	14 000 千克
动力装置	4 台 485 马力纳皮尔狮 VIII W-12 直列活塞发动机
巡航速度	210 千米 / 时
航程	2000 千米
机组人员	4
乘客	19

1927 年，R4 超级沃尔飞机研制出来了。R4 飞机采用两台布里斯特尔木星星形发动机，该发动机由西门子公司在德国制造。与 Do J 机型相比，R4 飞机毛重多了 33%，速度快 16%。

军事遗产

汉莎航空运输公司在其跨越大西洋到达南美洲的邮路航线中大量使用沃尔水上飞机。1934 年，德国重新武装时，多尼尔建议设计一种既能满足航空公司的需求又能符合纳粹空军需求的飞机。于是，Do J 的军用型 Do15 军用沃尔水上飞机同年开始服役，而多尼尔的建议也被汉莎航空公司接纳。后续的 Do18 只用于民用，尽管其为同类中最先进的飞行器，但是很明显，它还是源于 1922 年的 Gs Ⅱ 型水上飞机。

南美航空邮路

南美对德国非常重要，所以德国寻求用最快的方法将邮件从柏林运送到巴西里约热内卢。在 1930 年，一封信从德国到巴西需要 14 天，但是汉莎航空公司及其巴西下属的 Condor 公司派出水上飞机与横跨大西洋的轮船会合，从而将邮件运送时间缩短到 9 天。

很显然，下一步就是跨越大西洋从德国直飞巴西。但是，由于当时的飞机航程不够，汉莎航空公司着手建立海上航空加油站。由 5400 吨的威斯特法伦号先导，汉莎航空公司建立了一个航空保障船队。1934 年 2 月 3 日，邮件首次使用新航路西飞。沃尔飞机执飞水上航程，停靠在保障船旁边加油（见下图）。保障船通过起重机将水上飞机提升到甲板上进行加油，然后通过蒸汽弹射装置使其复飞。1935 年 6 月 25 日，沃尔飞机进行了第 100 次飞越，并订购了第三艘保障船，海上飞行时间约为 13 小时。

1963 年起，Do 18 开始替代 Do J 水上飞机开始运营北大西洋航线，但是这条新开的航线从 1938 年起开始封闭，而南美航线则一直运营到 1941 年。

福克 F. VII 以及 F. VII-3m（1924）

凭借其三台发动机的卓越载运表现和高度可靠性，福克 F.VII 以及 F.VII-3m 系列在欧洲大卖。更为重要的是，该型号深入美国市场，成为多种开创性飞行的先驱。

安东尼·福克军用飞机是第一次世界大战期间让人望而生畏的侦察机和战斗机。第一次世界大战停火后，福克基于卓越的 D.VII 侦察机研发了一款商业飞机，这就是 F.I，并衍生出一系列飞机，其巅峰是 F.V。F.I 和 F.II 在德国建造，但是由于《凡尔赛条约》的限制性规定，其后续型号不能再在德国生产，于是福克回到其故乡荷兰生产。F.IV 和 F.V 的设计多来自于 F.VII，后者的设计工作始于 1923 年。这款单发动机飞机在 1924 年制成，载员 6 人。在出产 5 架后，它升级为 8 座的 F.VIIA。该型飞机上单翼非常坚固，可以支撑任何形状的外部支架。F.VIIA 发动机由法国诺姆 - 隆河公司根据布里斯特尔木星发动机的生产许可生产，相比于 F.VII，它速度更快、载荷提升能力更强。

1925 年 3 月 12 日，第一架 F.VIIA 首飞，搭载帕卡德自由（Packard Liberty）发动机。美国选用了这款发动机，这表明北美地区对福克的设计也很感兴趣。尽管取得了一定程度的成功，F.VIIA 还是很快就被 F.VIIA-3m 取代了。后者采用 F.VIIA 的机身和 3 台莱特旋风 J-4 发动机，这主要是应美国要求而提升了商业飞机的可靠性和安全性。

座舱
福克 C-2 军用运输机座舱加长了顶部覆层，换装了非常规前风挡。

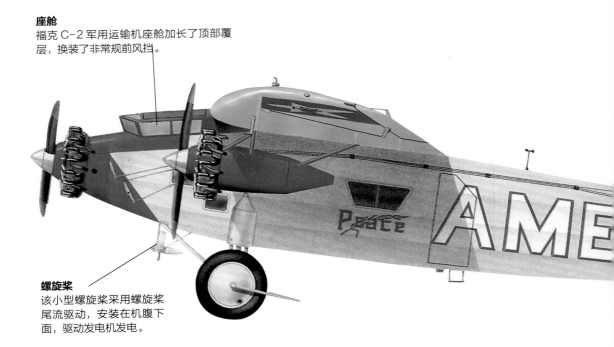

螺旋桨
该小型螺旋桨采用螺旋桨尾流驱动，安装在机腹下面，驱动发电机发电。

1927 年 6 月 29 日，探险者、飞行员理查德·E. 伯德与 3 名机组成员驾驶 C-2NX206"美国号"从纽约出发，进行首次跨大西洋航空邮政飞行。由于天气恶劣，机组成员于当年 7 月 1 日在法国加来降落，而不是之前预定的目的地巴黎。飞机损毁，但是四人幸免于难。

三发动机
人们认为，F.VII-3m 系列的三个发动机确保了在其中一个发生故障时，飞机仍能安全飞行。但实际上，只有两个发动机工作时它的性能非常糟糕。

垂直尾翼
F.VII 系列的直尾翼和方向舵的设计，与战时的 D.VII 侦察机非常相似。

E. 普拉格和 T. 拉斯科维奇按照许可证为波兰国家航空运输公司建造了 19 架 F.VIIB-3m 飞机。

开创性的福克飞机

1925 年 F.VIIA-3m 飞机完成了福特公司的安全性测试后，理查德·E. 伯德购买了首架飞机，将其命名为约瑟芬·福特号，用于北极探险。从此之后，这型飞机受到探险者的欢迎。这种需求再加上航空公司订单，使得比利时、捷克斯洛伐克、法国、意大利、波兰以及英国都申请了特许生产。福克公司还成立了大西洋飞机公司，专门为美国市场研发、制造飞机。

在福克 F.VII 基本型飞机机身上还有很多改进的余地，而这些潜力通过安装动力更强的发动机而得以开发出来。F.VIIA-3m 安装的旋风发动机号称处于 300~330 马力的级别。通过加大飞机机翼面积，福克飞机可充分利用现有动力，提升了运载能力，使 F.VIIA-3m 成为欧洲航线上最重要的一款飞机。

大西洋飞机公司制造的 F.VIIA-3m 飞机称为 F.9，并以此为原型发展出一系列飞机型号，其中就包括 C-2 军用运输机。在英国，阿弗罗（Avro）公司取得了 F.VIIA-3m 飞机的生产许可证，并在该型飞机上安装了阿姆斯特朗·西德利山猫星形发动机，命名为 618 "十" 型飞机，表明其为 10 座。"五" 型飞机是阿弗罗公司制造的四种小型飞机中的一种，可承载 4 名乘客和 1 名驾驶员，其后还有稍大型号的阿弗罗 624 "六" 型飞机，配备 6 个座位。

后续设计

福克 F.VIIB-3m 飞机在航空公司以及军队里取得了巨大成功。在西班牙内战中，交战双方的空中部队均将其用作运输机和轰炸机。由于该型飞机广受欢迎，因此后续机型仍旧延续这种成熟的布局设计，只不过它们再也没有取得过 F.VIIB-3m 的辉煌。

福克 F.VIII 双发动机飞机比 F.VIIb-3m 体型大，可以载客 15 名。而福克 F.IX 三发动机飞机可以容纳 20 名乘客。福克 F.XII 飞机直接脱胎于 F.VIIB-3m，使用普惠（Pratt& Whitney）大黄

规格 （福克 F.VII-3m 飞机）	
类型	三发动机飞机
尺寸	翼展 21.71 米、机长 14.57 米、机高 3.90 米
装载重量	5300 千克
动力装置	3 台 300 马力莱特 J-6 旋风 9 缸星形活塞发动机
巡航速度	178 千米 / 时
航程	1200 千米（附加燃料）
使用升限	4400 米
机组人员	4
乘客	8~10

蜂发动机，载客 16 名。后来又从它衍生出了更大型的福克 F.XVIII 飞机。总体而言，福克 F.XX 是更为现代化的一款飞机，拥有可收放式起落架，但是在首飞时，它仍旧保留了落伍的上单翼和三发动机布局。尽管在美国市场上，最新型的福克飞机 DC-1 和 DC-2 安装了道格拉斯发动机，但已经远远落后于时代了。其后续型号 F.XXII 和 F.XXXVI 尽管采用四发动机、机体更大，但也已经绝对落伍了。

无论如何，福克还是在荷兰延续了其军用飞机的生产，公司也一直运营到第二次世界大战初期，直到公司设施遭到毁坏。

飞越太平洋的三发动机飞机

澳大利亚人查理斯·金斯福特－史密斯在第一次世界大战期间曾驾机作战。第一次世界大战停火后，他继续飞行商业飞机。1928 年，他准备完成驾机飞越太平洋的壮举，因此他前往美国寻找一架合适的飞机。他喜欢上了 F.VII-3m，购买了一架介于 F.VIIA 和 F.VIIB-3m 之间的飞机，并将其命名为"南十字星"号。

该飞机造型独特，拥有巨大的"B"形机翼，但却装配了适合"A"形机翼的小动力 200 马力的旋风发动机。1928 年 5 月 31 日，金斯福特－史密斯和其副飞行员、领航员一起从美国加利福尼亚州奥克兰出发。他们中间经停火奴鲁鲁和斐济，在空中飞行 83 小时 38 分钟，最终到达澳大利亚布里斯班，飞行距离 11890 千米。

1928 年 9 月 10 日—11 日，金斯福特－史密斯和其副飞行员乌尔姆再次驾驶"南十字星"号飞机，首次成功飞越塔斯曼海。现在，这架飞机在澳大利亚昆士兰州布里斯班机场内的金斯福特－史密斯纪念馆中展出。

福特三发动机飞机（1926）

福特三发动机飞机是一个奇怪的新旧组合，它装备了经过验证的福克 F.VII-3m 三发动机动力，还采用了全金属结构，这是因为亨利·福特认为这种全金属结构是未来飞机的发展方向。

1925 年 7 月，亨利·福特对商业飞机进行了一次安全性测试。该测试在美国密歇根州迪尔伯恩的公司总部进行，要求参与对象在美国多数区域进行飞行测试。福特迫切希望扩展民航业务，从而最终找到组建自己的航空公司的方法。福克借助 F.VIIA-3m 飞机在竞争中获胜，通过将单发动机的 F.VIIA 飞机改成三发动机的"3m"标准，从而迅速提升了可靠性。

福特公司本来只要购买福克飞机就可以了，但是亨利·福特认为福克 F.VIIA-3m 飞机的木质结构已经落伍了。1925 年 8 月，福特公司收购了司道特金属飞机公司（Stout Metal Airplane

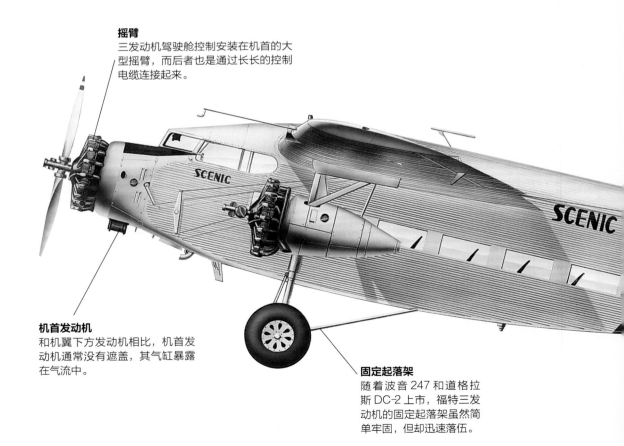

摇臂
三发动机驾驶舱控制安装在机首的大型摇臂，而后者也是通过长长的控制电缆连接起来。

机首发动机
和机翼下方发动机相比，机首发动机通常没有遮盖，其气缸暴露在气流中。

固定起落架
随着波音 247 和道格拉斯 DC-2 上市，福特三发动机的固定起落架虽然简单牢固，但却迅速落伍。

Company），第二年 2 月开始通过司道特空运公司开展航空邮政服务。由于需要一架全金属三发动机飞机、机体又要超过福克飞机，因此福特公司将这个任务交给司道特公司完成。尽管司道特公司创始人威廉·比尔·司道特已经拥有了领先的金属飞机设计方案，但是他制造出来的 3-AT 飞机却难担重任。1926 年 1 月 17 日，一场机库大火将这架飞机付之一炬。之后不久，福特解雇了司道特，一个新设计组接管了他的工作。尽管 4- AT 飞机的可靠性仍不明朗，但是这架福特三发动机飞机还是于 6 月 11 日完成了首次飞行，并取得了成功。颇有讽刺意味的是，比尔·司道特就是首批客户之一。

4-AT 飞机采用了 F.VII-3m 三发构造，为了提升安全性能，它同时还使用了金属结构以及典型的福克飞机金属波纹蒙皮。由于这种波纹蒙皮坚固、抗损坏，因此该型飞机使用了轻薄的阿尔克拉德纯铝覆面的硬铝合金片。这款飞机最初采用露天驾驶舱，有两名机组人员，客舱可以搭载 8 名乘客。这款飞机的几个衍生机型销量很好，但是航空公司还是需要机型更大的飞机，于是 5-AT 飞机应运而生。

风景航空公司总部设在内华达州，其美国大峡谷观光航线采用 5-AT-C 三发动机 N414H 飞机。

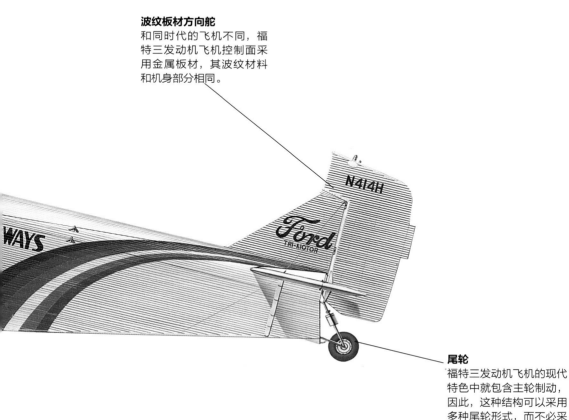

波纹板材方向舵
和同时代的飞机不同，福特三发动机飞机控制面采用金属板材，其波纹材料和机身部分相同。

尾轮
福特三发动机飞机的现代特色中就包含主轮制动，因此，这种结构可以采用多种尾轮形式，而不必采用尾橇。

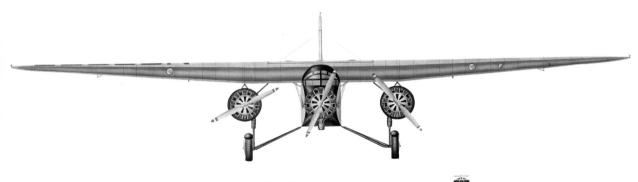

上图是福特 5-AT-B 型飞机，为福特三发动机飞机的衍生型号，配备 3 台 420 马力（313 千瓦）的发动机，载客 15 人。该型飞机共制造了 42 架。

机身更大的三发动机飞机

5-AT 飞机的乘客量增加到了 14 人，搭载普惠小黄蜂 450 马力发动机，替换掉早期型号上使用的莱特 J 型 420 马力发动机。5-AT 飞机加大了翼展，成为福特公司最成功的机型之一，占公司 199 架商业飞机总销售量的大部分。

这种三发动机飞机是个奇异的综合体，它具有现代飞机结构，但其机身设计又很落伍，因此那些更为先进的飞机，从波音到道格拉斯，都迅速超越了它。但是，5-AT 飞机显示出超强的可靠性，因此很多飞机一直到 21 世纪之初还性能良好。5-AT 的金属结构非常先进，甚至控制表面也是金属贴皮，而当时很多金属结构的飞机在这些控制表面还是使用的织物覆层。

在 5-AT 飞机的机舱里，乘客的行李放置在机舱壁窗户上的网状支架上，也就是今天的机舱吊挂箱上，挂在飞机翼梁之间。和福克 F.VII 系列飞机不同，福特三发动机飞机的机翼安装在机身内而不是置于机顶上，所以飞机翼梁是安放在机舱上部空间里的。

伯德连线

1925 年，亨利·福特的儿子埃德塞尔购入 F.VIIA-3m 用于飞机可靠性测试。1926 年，理查·E. 伯德驾驶此型飞机进行了北极飞行。在规

规格（福特 5-AT-C 型）	
类型	全金属三发动机客机
尺寸	翼展 23.72 米、机长 15.32 米、机高 3.66 米
装载重量	6124 千克
动力装置	3 台 420 马力普惠大黄蜂 7 缸星形活塞发动机
巡航速度	246 千米/时
航程	901 千米
使用升限	5639 米
机组人员	2
乘客	13-15

划飞越南极之时，福特公司还特意提供了一架福特4-AT-B三发动机飞机，搭载莱特旋风发动机，配有副油箱。1929年11月28—29日，该飞机成功飞越南极。现在，这架飞机存放在美国密歇根州迪尔伯恩市的亨利·福特博物馆内。

广泛服务

1926年，威廉·司道特创立了司道特航空运输公司。在该公司引入福特三发动机飞机后，改称司道特航空公司。1929年，该公司被波音和普惠的合资公司美国联合飞机运输公司收购，其航空邮政服务也随之终止。1930年以后，司道特公司从航空公司名单中消失了，但其创建的组织结构却被后来的美国联合航空公司所采用。

许多美国以及南美航空公司都采用了坚固的福特三发动机飞机，用于开创性的航空服务，美国航空公司、古巴航空公司、泛美格雷斯航空公司以及泛美航空公司都位列其中。而在澳大利亚、亚洲以及欧洲也有一些该型飞机服役。到20世纪60年代，液压量产飞机公司试图推销现代版的福特5-AT型号飞机，还将其型号命名为"大毒蛇2000"，该公司为美国航空公司复建并运营了一架福特5-AT型飞机。尽管"大毒蛇"原型机于1966年试飞成功，但其后续生产并没有开启。

多尼尔 Do X 型飞机（1929）

多尼尔（Dornier）Do X 型飞机是工程学上的精品，却没能用于商业运营。由于其史诗般的飞越大西洋的壮举，也由于在 1929 年首飞之时就是当时世界上最大的航空器，人们一想起 Do X 飞机，就会想起它的这些辉煌过去。该型飞机只曾在意大利国家航空公司短期服役。

脱胎于多尼尔公司 1919 年至 1926 年年间一系列大型水上飞机的设计，Do X 飞机最初设计为能够搭载 100 名乘客飞越大西洋；而舒适度，据设计人员设想，应该和大洋轮船一样。实际上，即使按照现代标准衡量，Do X 飞机也是大型飞机。而为了验证其基础设计，多尼尔公司还建造了一个全尺寸模型机。

由于《凡尔赛条约》禁止德国拥有或生产具有战略潜能的飞行器，因此 Do X 飞机使用多尼尔公司在艾尔特瑞恩的工厂，在博登湖或康斯坦茨湖对面的瑞士生产。它在风格上和大型的沃尔

发动机
一块副机翼将六对发动机连接起来。在飞行中，机械师可以通过飞机厚实的机翼到达发动机处。

上层甲板
上层甲板上不但设有驾驶舱、导航站、发动机室，还有无线电人员的房间。

油箱
飞机下夹层装有 4 个 3000 升的油箱，乘客行李也置于此层。

飞机不同，Do X 飞机的设计具有典型的多尼尔飞机风格：弦翼宽阔、非锥形、舷侧突出。Do X 飞机机体高大，其上为主乘客甲板和机组人员设施。

两名驾驶员和引航员在飞机的飞行甲板上通过类似于轮船方向舵的装置操控飞机。一名飞行机械师在机舱后面的发动机室里，负责维护飞机的 12 台发动机。机组人员需要配合默契并且沟通良好才能保证精准的动力控制，这也反映出当时的航空发动机和 DoX 飞机的动力需求相对不可靠，因而在其飞行时需要一名机械师随时检修发动机。

多尼尔Do X飞机细节详情

Do X 飞机最初采用的是西门子制造的布里斯特尔木星星形发动机，每台发动机的功率为 525 马力。尽管所有 12 台发动机都运转良好，但它也只是勉强能飞，从湖面贴水起飞需要两分钟，

汉莎航空公司就用这型多尼尔 DoX 飞机执飞美国航线。该型飞机于 1932 年飞回柏林，用于广告宣传。

主舱室
多尼尔将飞机舱室建造得和豪华邮轮一样奢华，似乎根本没有考虑飞机重量，也没考虑飞行安全。

D-1929

飞机厨房
食物在饭店风格的飞机厨房里配制，而如果乘客口渴，则可以到酒吧里去坐坐。

多尼尔 Do X 飞机
Do X 飞机原型机采用木星星形发动机。尽管该型发动机可以让飞机飞行，但在常规飞行时却动力不足。

而飞到 600 米高度则需要近 20 分钟。所以，在 1929 年 7 月 12 日首飞之后不久，Do X 飞机就换装了 12 台柯蒂斯征服者发动机。在条件有利的情况下，这些发动机能够提供充足的动力，但是后发动机冷却一直是个大问题。可以说，DoX 飞机始终没解决好发动机的问题。

Do X 飞机动力采用 6 对推挽式发动机，通过短翼展、窄弦的上机翼连接；机身以及机翼前沿油箱内装载有多达 24600 升（6499 美国加仑）燃料；还安装了一台 12 马力辅助发动机，用于起动主发动机并提供电力。这台辅助发动机至关重要，它不但为飞机系统提供电力，还给奢侈的乘客食宿室间提供动力，比如洗浴间、餐厅、吸烟室以及单人舱室。

该飞机的厨房供应新鲜事物，餐饮标准符合餐厅要求。而机上乘客坐在舒适的餐椅上，地板上铺着地毯，餐桌上蒙着桌布，其上放着陶器、玻璃器皿以及精美餐具，机窗上甚至还挂着窗帘！

经过 100 多次试验飞行，在 Do X 飞机验证了自身的飞行特性后，它终于载着 169 人升空飞行，包括 10 名机组人员和 150 名乘客，还有引人瞩目的 9 名免费乘客。1929 年 8 月 4 日安装征服者发动机起飞之后，该飞机取得了真正巨大的成就——它在 1930 年 2 月完成了跨大西洋往返飞行。另外两架飞机是为意大利 SA 导航区公司建造的，装配了菲亚特发动机，但是由于很少使用，最后沦为一堆废铁。

很有趣的是，这款飞机以"X"命名，其含

规格	
类型	远程水上客机
尺寸	翼展 48 米、机长 40 米、机高 10.10 米
最大起飞重量	56 000 千克
动力装置	6 台 600 马力柯蒂斯征服者 V-12 发动机
最大速度	210 千米/时
航程	2200 千米
使用升限	1200 米
机组人员	5
乘客	最多可达 150 人，但是跨大西洋飞行规划人数为 100

义是"未知"，而这型飞机的制造目的也不为人所知。或许因其可能性超过了实用性，所以 Do X 飞机是工程学的一大成就，但是对于商业运营而言，它却过于昂贵和复杂。尽管德国政府资助了 Do X 的展示飞行，并在飞回柏林后将其捐赠给了汉莎航空公司，但是后者却并不怎么感兴趣。

在转交给柏林航空运输博物馆之前，这架德国仅有的 Do X 飞机从未进行过商业飞行。该机在整个第二次世界大战期间一直停放在博物馆里，后于 1945 年被盟国炸弹炸毁。

跨越大西洋飞行

1930 年 11 月 2 日，Do X 飞机从康斯坦茨湖飞往南美洲。它首先在荷兰阿姆斯特丹降落，然后经由英国卡尔肖特飞往葡萄牙里斯本。在里斯本，Do X 碰到了麻烦：油箱着火烧毁了一个机翼，而机翼修理耽搁了数周时间。

Do X 于 1931 年 1 月 31 日抵达加那利岛的拉斯帕尔马斯，但在其起飞飞往下一程时，机体受损，历时 4 个月才得以修复。再次起飞后，它于 1931 年 6 月 1 日到达西撒哈拉海岸的锡兹内罗斯（达赫拉的旧称），随后在 6 月 3 日抵达葡属几内亚，接着穿越南大西洋，经由佛得角到达巴西的费尔南多 - 迪诺罗尼亚。

6 月 4 日，Do X 飞抵南美，然后分阶段飞行，于 20 日到达里约热内卢。随后，它继续在海岸上分段飞行以穿越加勒比海，最终于 8 月 22 日抵达北美，降落在迈阿密。在其他三段飞行中，它还曾于 1931 年 8 月 27 日降落在纽约，受到人们的热烈欢迎。

整个冬天，这架巨型多尼尔飞机都是人们津津乐道的对象，然后它于 1932 年 5 月 20 日经由加拿大纽芬兰省飞往亚速尔。同年 5 月 22 日，它降落在西班牙的比戈港，然后再次经由卡尔肖特飞往柏林，24 日飞抵柏林接受公众的欢迎。

总体而言，这次飞行超过 18 个月，但是飞行时间达到了 210.68 小时，飞行里程 35 000 千米。在此之前，人们已经证实可以飞越大西洋，但是 Do X 飞机却表明人们多么迫切地想在欧美两块大陆之间开通航空服务。

容克 Ju52/3m（1931）

　　作为容克飞机设计理念的自然延伸，容克 Ju52/3m 飞机是第二次世界大战开始前欧洲最重要的客机之一。但在第二次世界大战后，由于 Ju52/3m 配件供应困难，而且美国军用运输机大量转为民航，Ju52/3m 就从客机行业中迅速消失了。

　　由于在战时作为运输机和伞兵部队飞机，容克 Ju52 单发动机飞机基本都改成了容克 52/3m，而后者在 20 世纪 30 年代成为非常成功的客机。容克 Ju52 是 1919 年研制成功的容克 J13 系列的巅峰机型，它保留了早期该型飞机的管状金属结构以及波纹蒙皮，这种构造后被很多商业型号采用，包括单发动机的 G24 飞机、三发动机的 G31 飞机、体型巨大的四发动机 G38 飞机，以及最终版本的 W33/34 单发动机飞机。所以，容克 52 的传承一目了然，也保持了极高的坚固性，而这是 F13 飞机的明显标记。1930 年 10 月 13 日，

该型飞机首飞，但是它只制造了 6 架，交付给瑞典 DVS 航空公司和加拿大航空公司。其产能迅速转而制造容克 Ju52/3m，在两侧机翼下方和机首部位各安装一台普惠大黄蜂发动机。1931 年 4 月，此配置飞机首飞，而第一架量产飞机（这两架飞机都符合 Ju52/3m 标准）于 1932 年年初交付玻利维亚劳埃德航空公司。

　　德国首架最新型的客机交付给南美洲地区，这表明该地区对德国的重要性，也表明德国在该大洲的影响力。在南美洲，容克 J13 和其后的 W33/34 飞机越过该地区的复杂地形，将这里偏

座舱
容克公司在 Ju 52/3m 座舱内加装了更现代化的设备，但除此之外，该飞机基本保持原样。

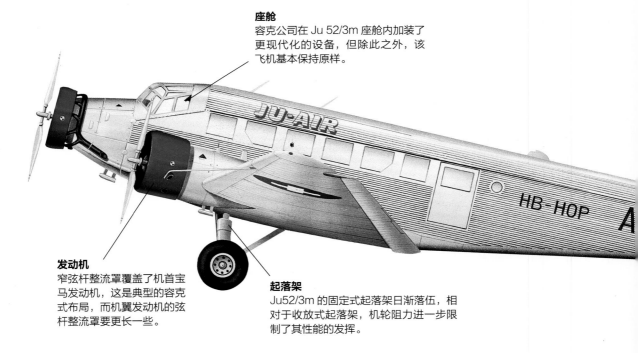

发动机
窄弦杆整流罩覆盖了机首宝马发动机，这是典型的容克式布局，而机翼发动机的弦杆整流罩要更长一些。

起落架
Ju52/3m 的固定式起落架日渐落伍，相对于收放式起落架，机轮阻力进一步限制了其性能的发挥。

远、分散的人口聚居中心连接起来。容克 Ju52/3 来到南美洲也发挥了此作用，但它的安全性得以提高，它有 3 台发动机和更加现代化的装备。相比前辈，容克 Ju52/3m 可以安装轮子或者浮筒降落设备，载重量更大，并且更加灵活机动。

汉莎航空公司的支柱

尽管容克 Ju52/3m 飞机首先交付给了玻利维亚，但是它并没有忘记德国本土市场。汉莎航空公司迅速组建了自己的容克 Ju52/3m 机队，汉莎的运输机队和运营苏德航线的 Deruluft 航空公司共购买了 231 架此型飞机。欧洲大陆的航空公司也纷纷下单，英国宇航公司和英国铁路航空公司就使用容克飞机。另外，容克 Ju52/3m 还交付给了奥地利、比利时、丹麦、爱沙尼亚、芬兰、法国、希腊、匈牙利、意大利、挪威、波兰、葡萄牙、罗马尼亚、西班牙和瑞士等国家。另外，这款飞机也远销海外，澳大利亚和中国也是其客户，而南非航空也购买了 15 架。

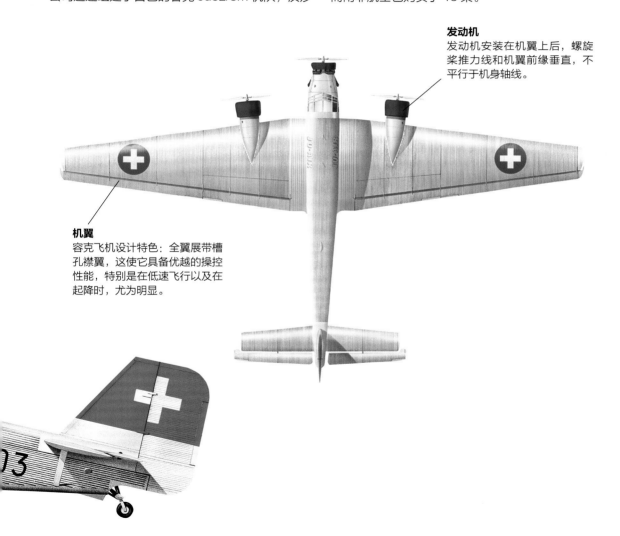

发动机
发动机安装在机翼上后，螺旋桨推力线和机翼前缘垂直，不平行于机身轴线。

机翼
容克飞机设计特色：全翼展带槽孔襟翼，这使它具备优越的操控性能，特别是在低速飞行以及在起降时，尤为明显。

此图展示的是刚从空军退役的容克飞机，上面还有瑞士空军的编号 A-703，其民用注册号为 HB_HOP。

该型飞机有多款发动机可供客户选择，有时客户也会更换自选的发动机。但是，多数商用和军用 Ju52/3m 还是采用宝马大黄蜂发动机。这款发动机的型号为宝马 132，在其最初的 132A-1

停放在伦敦克罗伊登机场的汉莎航空公司 Ju 52/3m 飞机。1932 年，该公司使用该型飞机开启柏林－伦敦航线。

型号中，动力输出为 660 马力，比较适合早期的 Ju52/3m 使用。后来，该型发动机发展为多种型号，可以输出 800 马力的动力。后来由于纳粹战争机器的扩大，发动机生产越来越多地转向军事用途。

容克贵宾机

战前，在德国就有两架民用容克 Ju52/3m 被征用，以用于军事目的。德国空军元帅赫尔曼·戈林将 D-2527 号飞机用为其私人飞机，并还将其喷成红色，并以第一次世界大战王牌飞行员李希特霍芬来命名。阿道夫·希特勒也将 Ju52/3m 用为私人飞机，编号 D-2600，命名为殷麦曼号。后来，希特勒改用福克沃尔夫 Fw200 飞机。汉莎航空公司也看到了 Ju52/3m 用作运输机和轰炸机的潜力。而在西班牙内战中，Ju52/3m 被国民军当成运输机和轰炸机使用。随着德国军队侵略

规格（容克 Ju52/3m ge）	
类型	全金属三发动机客机
尺寸	翼展 29.25 米、机长 18.90 米、机高 6.10 米
最大起飞重量	9200 千克
动力装置	3 台 600 马力宝马 132A-1 星形活塞发动机
最大速度	290 千米/时
航程	915 千米
使用升限	5200 米
机组人员	2
乘客	17

欧洲，容克 Ju52/3m 需求高涨，超过了容克公司的生产能力，于是德国占用了法国工厂生产它，在 1941—1942 年间制造这种三发动机飞机。法国于 1942 年 6 月制造出首架该型飞机，在第二次世界大战后，法国还继续生产这种飞机，但改名为"AAC.1 犀鸟"飞机。

尽管战后世界上已有数千架价格便宜、更易维护的美国飞机，特别是 C-47/DC-3 飞机投放民用市场，犀鸟飞机与西班牙特许生产的 JU52/3m，改名为 CASA352L 飞机，仍在进行商业飞行。尤为引人瞩目的是，2014 年，瑞士的 Ju-AIR 快乐飞行体验队从其杜本道夫基地起飞，提供飞机旅游服务这是世界上唯一一个只装备 Ju52/3m 及其衍生型飞机的航空公司。

JU-AIR：飞越阿尔卑斯山的体验

1982 年，瑞士空军老兵协会成立了 JU-AIR 飞行体验队，只飞 Ju52/3m 飞机。这是瑞士空军最后 3 架还能飞行的 Ju52/3m，它们已于 1981 年退役。1983 年，其中两架飞机重新注册为 HB-HOP 和 HB-HOS，为适应商业飞行进行了改装，用于杜本道夫城的观光飞行。第三架飞机后来也加入运营，更名为 HB-HOT。

1987 年，HOS 降落时发生事故，但在 1988 年复飞。1989 年，JU-AIR 飞行队派机飞往挪威；1990 年，又派机飞往容克飞机的老家——德国德邵。1996 年，该飞行队首次将旗下一架飞机喷涂了赞助商的颜色，后来这种做法就流行开来。1997 年，飞行队接纳了一架新飞机，之前这架 CASA 352L 飞机就一直在杜本道夫机场进行静态展示。1998 年，HOS 降落时又发生了事故，但很快就得以修复。1999 年 12 月 31 日，JU-AIR 飞行队所有四架飞机起飞升空，迎接新千年。

2000 年 1 月 11 日，HOS 成功进行了全球飞行。2009 年，飞行队庆贺 HOS、HOP 和 HOT 首飞 70 周年。2012 年，HOT 开展了其同类飞机自 1937 年以来的第一次跨大西洋飞行，飞往美国。这些都证实这些"老爷"飞机有多么繁忙，因为它们还要继续满足游客赴阿尔卑斯山旅游观光的需要——游客们特别渴望乘坐该型飞机体验 20 世纪 30 年代坐飞机的感受。

波音 247（1933）

波音247第一次给美国带来了可收放起落架、现代化的全金属构造以及"整洁"、符合空气动力学原则的机身。而在 20 世纪 30 年代中期的几年时间里，这些还是不为人知的。

容克系列飞机虽然凭借 1919 年制造的 F13 飞机为全金属商业飞机开创了先河，但是它却在波音公司生产出 247 型飞机之时，不得不在客机演化的重大里程点上让位给波音公司。实际上，波音公司是借助 200 型邮政飞机 / 货运飞机引入革新技术的，直到 1933 年 2 月 8 日，波音 247 型才进行首飞。它所引领的先进技术，比如半硬壳式金属机身构造和半收放式起落架，开始用于载客飞机，从而引领了商机。

波音公司还生产出了 B-9 飞机，它将流线型机身和封闭式发动机与 Monomail 邮政飞机的主要特色相结合，生产出了北美第一架全金属、流线型、带收放起落架的客机。由于采用悬臂支架机翼，所以它不需要外置支架，其流线造型因而得到进一步提升。"整洁"机身加上 550 马力的普惠 S1D1 黄蜂发动机，波音 247 可以仅用一台

美国联合航空公司的波音 247D 型飞机，编号 NC 13326，20 世纪 30 年代美国联合航空空公司典型主题颜色涂装。

风挡玻璃
波音 247D 飞机采用了后倾风挡，替换了之前 247 型的前倾风挡。

主起落架
波音 247D 飞机主起落架单元缩回，机轮半露。

发动机就能平稳爬升。这样，即使一台发动机失灵，飞机仍可飞行，这在现实飞行中非常重要。

乘客体验

无论是从空气动力学角度还是座舱设备而言，波音247D 都是当时在役的最先进的双发动机飞机，而机组人员也从无线电通信以及导航系统方面获益良多。对乘客而言，该型飞机也很先进。尽管座舱只有 10 个座位，但是座位前后间距竟然宽达 101.6 厘米，而现代客机规定的最小间距是

71 厘米。所有座位都靠窗，而且还有舱内灯，另外还配有阅读灯；而暖气和通风系统则保证了乘坐舒适性。

乘客并不是直接就能感受到发动机安装位置改变带来的好处。三发动机飞机，包括福特飞机和 F.VII-3m 飞机，都采用了在高机翼下安装发动机的形式。这种发动机安装方式将噪声和振动直接传入机舱。而波音 247 飞机将发动机安装在机翼前的发动机舱里，这样螺旋桨线前端便与驾

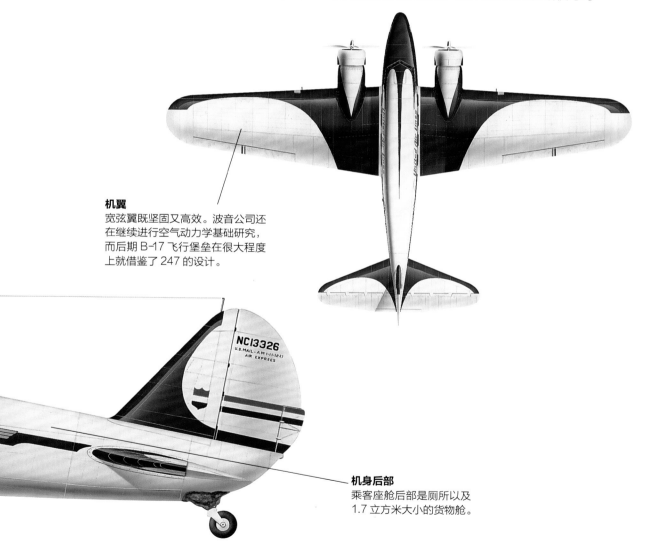

机翼
宽弦翼既坚固又高效。波音公司还在继续进行空气动力学基础研究，而后期 B-17 飞行堡垒在很大程度上就借鉴了 247 的设计。

机身后部
乘客座舱后部是厕所以及 1.7 立方米大小的货物舱。

驶舱平行，从而大幅度降低乘客舱噪声（尽管乘客舱也具备隔音功能）。

波音客户

　　波音247首飞之时，波音公司借由波音航空运输联合公司进入航空业务，既经营航线又生产

规格（波音 247D）	
类型	全金属客机
尺寸	翼展 22.60 米、机长 15.70 米、机高 3.80 米
最大起飞重量	7621 千克
动力装置	2 台 550 普惠 S1H1 黄蜂星形活塞发动机
最大速度	304 千米 / 时
航程	1400 千米
使用升限	5000 米
机组人员	2
乘客	10

1966 年，太平洋西北航空历史基金会（PNAHF）买下了这架编号为 NC13347 号的飞机。之前其注册号为 N3977C，归属佛罗里达州的玛士飞机公司。

飞机。该空中运输公司包括波音航空运输公司、美国航空运输公司、太平洋航空运输公司以及瓦内航空公司。而在波音 247 还没开始生产时，该公司就已下单订购 70 架该型飞机。而在飞机交付之时，该联合公司已经更名为美国联合航空公司，它接收了前 59 架飞机。第 39 架后来改造成行政勤务运输机，另外还有两架交付给了德国汉莎航空公司。

　　1933 年，美国联合航空接收的首架波音 247 不久后就返回了波音公司，进行性能提升改进。经过多次修改垂直尾翼构造，波音公司决定重新将方向舵和升降舵改由织物材料覆盖，不再使用金属。另外，波音公司还用汉密尔顿变距螺旋桨标准组件代替了最初型号的固定螺距螺旋桨，同时还安装了改进后的发动机整流罩和后倾风挡。由于航油容量增加以及最大起飞重量加大，人们并没有注意到新型 247D 的性能改进——其巡航

速度达 304 千米 / 时，这要比 247 的最大航速还要快很多。另外，247D 的航程和使用升限也都增加了。

试验飞机称为 247E 型，重新进入美国联合航空服役，而 247D 型也开始量产以完成美国联合航空剩余的飞机订单。在役的美国联合航空机队后来也都采用了 247D 标准，而它推出了横跨美国东西海岸的最快航空服务，用时只有 19.5 小时，而当时三发动机飞机普遍要用 27 小时。但是波音 247D 型的优势并没有延续多久，因为道格拉斯飞机公司紧随而至，其飞机设计和波音 247D 同样先进，但是承载量更大。随着道格拉斯 DC-3 型飞机入役，波音公司迅速让出了"老大"位置。

卓越的波音247

1934 年波音 247D NC13347 交付给美国联合航空公司。交给二手运营商之前，还有 8 架飞机转交皇家加拿大空军，图中飞机为其中一架。最终，这架飞机被改造成农田喷雾机和人工降雨机，于 20 世纪 50 年代重新飞上蓝天。1966 年，太平洋西北航空历史基金会（PNAHF）买下了这架报废的飞机，对其进行航空飞行改造修复。2014 年年末，这架飞机在其老东家——总部设在西雅图的美国联合航空——名下再次修复。尽管其已更名为"飞翔博物馆"，但还是喷涂了美国联合航空的蓝白主题颜色。波音 247 的其他飞机中，比较出名的还有 NR257Y。它由亨氏食品公司和华纳兄弟公司赞助，从美国联合航空租借给罗斯科·特纳和克莱德·庞博恩。1934 年，这二人参加了伦敦至墨尔本麦克罗伯森的飞行大赛。从英国起飞 92 小时 55 分钟 38 秒后，他们二人驾驶的飞机到达墨尔本，在速度试验中获得第二名。第一名是荷兰皇家航空公司机组成员，但他们驾驶的 DC-2 因阻碍试飞而被取消了速度成绩。

还有一架波音 247 飞机也比较有名，编号为 DZ203，也出自美国联合航空公司。它曾在加拿大皇家空军服役，后来用于英国政府电信研究部门的盲降实验。利用该机进行实验的大量降落系统专业设备直到今天还在使用。

道格拉斯 DC-2 和 DC-3（1934）

在 DC-1 和体型更大的 DC-2 基础上，道格拉斯公司制造出了划时代的 DC-3。这款飞机性能出众，在第二次世界大战前成为全球大型客机的首选，并在第二次世界大战后为世界客运航线的蓬勃发展奠定了基础。

在福克 F.10 飞机失事造成足球教练克努特·罗克尼死亡之后，美国航空商务局发布新规定，要求运营木结构飞机的航空公司必须定期进行花费不菲的检验，以免再次出现福克飞机在飞行中机翼解体的情况。作为应对，波音公司开发出了具有革命性意义的全金属飞机波音 247，其卓越性能很快就引起了航空业的兴趣。

由于波音公司的运营和美国联合航空公司交织在一起，所以直到满足美国联合航空对波音 247 飞机的需求后，波音公司才将该型飞机提供给了美联航的竞争对手。所以，在此期间，美国环球航空（TWA）运营副总杰克·弗莱决定寻求其他飞机作为替代。他对替代飞机的要求如下：12 座、巡航速度达到 241 千米／时、最大速度至少为 298 千米／时、降落速度不超过 105 千米／时、使用升限至少为 6400 米，并且航程

美国拥有 94 架 DC-3，该型飞机一直服役到 1949 年，总载客量达到 1050 万人次。

机舱
早期 DC-3 有 21 个座位，后来增加到 24 个。DST 卧铺飞机有 16 个卧铺席位。

机翼
杰克·罗斯诺普的名字永远印刻在了诺斯洛普·格鲁门公司中，DC-1 机翼就是他设计的。这种设计结构一直延续到 DC-3，可谓经久不衰。

不低于 1738 千米。

　　弗莱设想的三发动机飞机，要能只用两个发动机就可以从环球航空公司位于美洲大陆的机场上起飞。其要求尤为迫切，因为环球公司的航空线路包括新墨西哥州的阿尔伯克，该地机场的海拔达 1510 米，对飞机性能要求颇高。另外，该地气温也常年超过 32 摄氏度。按照今天的说法，这种机场是"高温高海拔机场"，在此情况下，无论是空气动力学还是发动机，效率都不会很高。

道格拉斯的设计

　　1932 年 8 月 2 日，环球航空公司将其飞机需求参数交给康邵里德、柯蒂斯、道格拉斯、通用航空以及马丁等公司。仅仅过了 10 天，道格拉斯公司的代表就向环球公司提交了道格拉斯商用飞机 1 号（DC-1）的设计方案。该方案符合或者超过环球公司的各项指标，只不过采用了两台 690 马力的莱特 SGR-1820-F 星形发动机。环

俯视图
DC-3 的机翼俯视图与众不同，美国主题涂色突出了机翼后缘以及前缘后掠的造型。

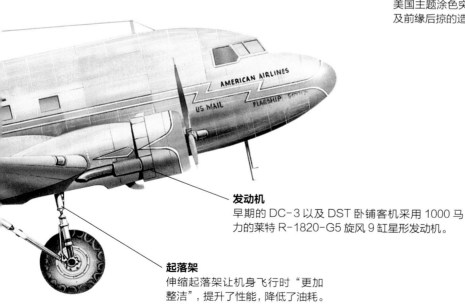

发动机
早期的 DC-3 以及 DST 卧铺客机采用 1000 马力的莱特 R-1820-G5 旋风 9 缸星形发动机。

起落架
伸缩起落架让机身飞行时"更加整洁"，提升了性能，降低了油耗。

球公司之前也明确说过，双翼飞机也可接受，并且，即使主结构必须是金属制造，但辅助结构也可使用木头。对这两种情况，道格拉斯公司也是颇为矛盾，因为它只提供了 DC-1 型全金属单翼飞机。航空公司和制造商之间经过大量争论后，

规格（DC-3）

类型	全金属双发动机客机
尺寸	翼展 28.96 米、机长 19.65 米、机高 5.16 米
最大起飞重量	12 701 千克
动力装置	2 台 1050 马力普惠 R-1830-SIC3G 星形活塞发动机
最大巡航速度	274 千米 / 时
航程	1650 千米
使用升限	7070 米
机组人员	2
乘客	24

DC-3 的欧洲运营商包括芬兰航空公司，第二次世界大战后这架飞机还飞行了多年。后来，这架飞机出现在美国，注册号改为 N58NA。

DC-1 终于在 1933 年 7 月 1 日进行了首飞。

环球航空公司最初订购了 60 架 DC-1，但是随着该飞机一步一步地被证实能够满足环球航空公司的各种运送需求，包括可在亚利桑那州温斯洛全境飞行，以及可以使用单发动机执飞阿尔伯克线路等，环球航空公司转而改变了购买策略，将最初的 20 架飞机换成航程更远、载客 14 人的 DC-2。DC-2 型比 DC-1 长 0.61 米，并采用 710 马力的莱特 SGR-1820-F3 旋风发动机。DC-2 型飞机还采用了当时所有最先进的飞机制造技术，以及可收放起落架等，乘坐舒适性提升到了一个新层次。

环球航空公司执着地认为，要和横跨大陆的铁路竞争，乘客的舒适性和安全性必须得到保证。因此，DC-2 型飞机的乘客舱经过最优化处理，飞机座位倾斜固定在胶垫上，从而减缓了飞机振动造成的影响，舱内还设有自助餐厅，后部还设有厕所。而在波音 247 飞机上，则是每个座位都靠窗。

DC-2服役

1934年5月11日DC-2首次升空；而18日，环球航空公司的DC-2就进行了首次载客飞行。不久，道格拉斯公司所造飞机的优越性开始超过波音公司，DC-2东向飞越北美大陆用时16小时20分钟，而西向飞越用时18小时，一些航空公司开始涌进道格拉斯公司的大门。不久后，美国多数航空公司都开始以DC-2执飞，而DC-2在国外也赢得市场。接下来，荷兰皇家航空公司的飞机（福克公司授权荷兰生产）在麦克罗伯森飞行大赛中仅获得第二名，波音247D被打败只获得第三，这种情况一直持续到荷兰机组人员在障碍赛段占据首位，充分显示了DC-2的优势地位。

与此同时，1934年6月美国更改了商业飞行管理条例。飞机制造商被迫与航空公司切断资金联系，运营公司可以自由购买飞机。道格拉斯公司由此占据了优势。尽管DC-2销路很好，但是美国航空公司需要一款现代化飞机，能够提供从洛杉矶到达拉斯的卧铺服务。为了应对这种需求，道格拉斯公司重新设计了DC-2，并将之命名为"道格拉斯卧铺飞机"（DST）。该飞机加长、加宽了机身，加长了机翼并改变形状，加大了尾翼并加固了起落架。

DST卧铺飞机1935年12月17日首飞，它取得了成功。几乎同时道格拉斯公司通过把乘客座位加装到21个，制造出DC-3飞机，使之具备了成为定期航班飞机的可能性。第一架DC-3于1936年8月16日完成了首次飞行，然后于18日交付给美国航空公司。不久，该型飞机就逐渐占领了全球客机市场，共制造了803架。

世界客机

第二次世界大战前，道格拉斯公司向全世界出口了DC-3，行销远至中国、英国和加拿大，因其经济性和可靠性俱佳，很受这些国家航空公司的欢迎。该型飞机可以在现有航线上飞行，更安全、更高效，而且还可拓展新航线。良好的声誉使其成为一些新航空公司的必然之选，其中就有加拿大航空运输公司。该公司在1937年9月1日就开始了航空服务，选用洛克希德公司10A伊莱克特拉（Electra）型飞机，但是不久后就在其机队中增加了DC-3。第二次世界大战开始后，尽管很多DC-3被征用为军队服务，其中的许多并没有幸存下来，但是DC-3还在继续飞行。迎来和平后，很多战时的C-47飞机退役，由于突然有了这么多飞机，很多航空公司如雨后春笋般出现，而主要的航空公司也从中受益，低价购买了很多飞机来充实自己的机队。

洛克希德"超级伊莱克特拉"和"北极星"飞机（1937）

洛克希德公司的 14 型"超级伊莱克特"（Super Electra）飞机和 18 型"北极星"（Lodestar）飞机性能之卓越，令人震惊，但是由于出场太晚而且运营费用过于昂贵，所以并没能撼动道格拉斯公司的优势地位。

1916 年，阿伦·洛克希德组建了洛克希德飞机制造公司，努力将其打造成主流飞机制造商。1926 年 12 月，洛克希德将公司更名为洛克希德飞机公司，借助杰克·诺斯罗普设计的维嘉（Vega）6 座飞机一举成功。随后，洛克希德飞机公司制造出空中快车、天狼星以及瓦龙等飞机。这些飞机都是单发动机高速民用客机型号，但是由于美国航空管制条令变化，禁止单发动机飞机

夜间载客飞行或是飞越不能紧急降落的地形，这些飞机都没能投产。

直到 1932 年 4 月之后，洛克希德公司才找到新的应对设计。在被一伙经验老道的投资人收购后，洛克希德公司聘请了天才设计师豪尔·L. 赫博德，让其设计一种高速双发动机 10 座客机，使用 450 马力普惠小黄蜂发动机，这就是洛克希德 10 伊莱克特拉飞机。在经过克拉伦斯 .L·约

NX18973 飞机是超级伊莱克拉特商务机，是洛克希德公司为霍华德·休斯 1938 年环游世界而制造的。

机组成员
休斯的机组成员由四人组成：副驾驶、引航员、无线电联络员以及机械师；NX18973 飞机于 1938 年 7 月 10 日从纽约起飞。

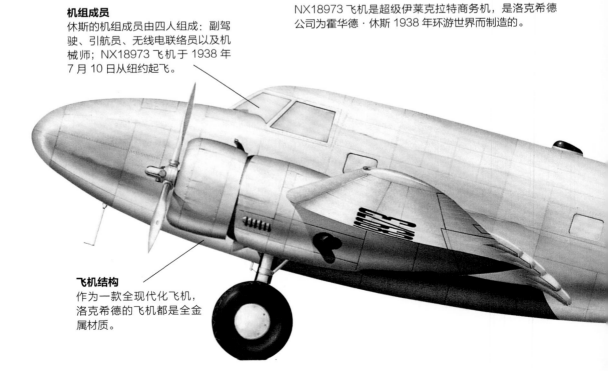

飞机结构
作为一款全现代化飞机，洛克希德的飞机都是全金属材质。

起飞 91 小时 14 分钟后，NX18973 飞机安全返回
了起飞机场——纽约弗洛伊德·贝内特机场。

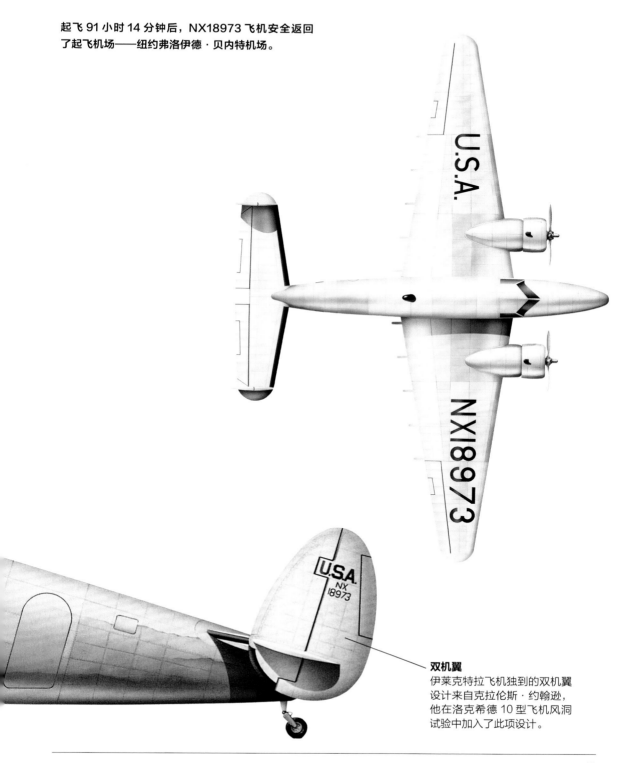

双机翼
伊莱克特拉飞机独到的双机翼
设计来自克拉伦斯·约翰逊，
他在洛克希德 10 型飞机风洞
试验中加入了此项设计。

翰逊这位年轻设计师大量修改后，该飞机于 1934 年 2 月 23 日首飞。约翰逊这位天才和洛克希德公司成为几乎形影不离的伙伴，最后还设计出了军用隐形飞机。

伊莱克特拉飞机的巡航速度为 306 千米／时，洛克希德公司因此得到了最快客机制造商的声誉。同时，其在全世界的销量也取得了成功，截至 1941 年 7 月，洛克希德公司共生产了 148 架伊莱克特拉飞机。根据美国航空商业局建议，从小机场运送乘客到大机场的高速支线客机会有销路，于是洛克希德公司基于该型飞机又生产了 6 座的 12 型小伊莱克特拉飞机。

即使这个支线飞机市场当时没能发展起来，洛克希德公司也预见到可以将 12 型飞机用作"飞行

毫无疑问，伊莱克特拉飞机留给航空航天工业的最大遗产就是洛克希德公司拥有了天才人物克拉伦斯·"凯利"·约翰逊——约翰逊成为该公司的主要设计师和工程师，在军用高速、隐形飞机项目中扮演了极其重要的角色。

办公室"或商务飞机，而其所生产的 130 架此型飞机，无论是公司使用还是个人使用，多数都是用于此目的。

超级伊莱克特拉飞机

洛克希德公司精于生产小容量、相对尖端的飞机，性能出色，但是并不与道格拉斯大飞机产生竞争。赫博德和约翰逊缩小 10 型飞机，生产出了小伊莱克特拉飞机，但是，洛克希德公司并没选择加大该型飞机与 DC-3 抗衡。因此，14 型飞机虽然结构相似，但实际上完全是重新设计。该机于 1937 年 7 月 29 日首飞，搭载 14 名乘客，采用了 2 台 875 马力的普惠 S1E2-G 大黄蜂星形活塞发动机，飞行速度很快，高达 363 千米／小时。美国西北航空公司买下了首架超级伊莱克特拉飞机，而该型号也拥有国外客户——实际上，该款飞机在国外比在美国国内卖得还好。14 型飞机因速度快、机舱舒适而令乘客非常满意，但是 15 个月内发生了 3 起坠机事故，重创了乘客对洛克希德公司的信心。航空公司对此款飞机也没产生多少满意的感觉，因为它运营费用昂贵，因此，洛克希德公司着手减少座位里程费用，加长机身，并在机舱内安装更多座位。

这样，就有了 18 型这款 18 座的北极星飞机。

规格（18 型飞机）

类型	北极星 18 座客机
尺寸	翼展 19.96 米、机长 15.19 米、机高 3.60 米
装载重量	7938 千克
动力装置	2 台 875 马力普惠 S1E2-G 大黄蜂星形活塞发动机
最大速度	428 千米／时
航程	4025 千米
使用升限	7740 米
机组人员	2
乘客	18

该机于 1940 年 2 月 2 日首飞。为避免人们产生联想，防止人们将该型飞机与超级伊克莱特拉飞机的事故联系起来，北极星飞机去掉了伊克莱特拉的名称，也终于拥有了美国航空公司这位客户。

尽管海外航空运输公司此次非常渴望买到这款飞机，但是，由于服务范围广泛，又在美国国内市场享有良好声誉，DC-3 俨然成为行业标准。即使机舱座位由 14 座升级为 18 座，北极星飞机也还是没有什么机会。但幸运的是，洛克希德公司在第二次世界大战时，将超级伊克莱特拉和北极星飞机分别交由哈德逊和文图拉公司生产。这两款飞机在战时生产了数百架，战后也有几架飞机进入民用飞机市场。在商业机队中，由于这些飞机性能优越，成为公务用机的普遍选择。于是不久后就开始出现专门改装，这就包括基于北极星飞机改装的里尔之星（Learstar）飞机。该飞机由威廉·P. 里尔设计，后来他还设计出了世界闻名的里尔喷气飞机。

国外服役情况

荷兰皇家航空是洛克希德公司的主要支持者，它购买了 11 架超级伊莱克特拉飞机，包括 PJ-AIT 飞机，用于启动荷兰皇家印度航空公司的运营。英国航空公司也购入了洛克希德 14 型飞机，还购买了 12 型飞机。另外，罗马尼亚、爱尔兰、法国以及波兰也都购入了 14 型飞机。

加拿大航空公司是洛克希德 14 型飞机在海外最大的客户，订购了 16 架飞机。而日本航空运输公司是该型飞机的主运营商，从洛克希德公司购买了 10 架飞机，并根据授权，由日本立川公司生产了 20 架。北极星飞机对加拿大航空公司也很有吸引力，它购买了 12 架。但是北极星的主要用户是南非航空，其机队有 21 架北极星飞机。另外，英国航空公司、非洲航空公司、法国航空公司以及拉美的航空公司都购买了北极星飞机，而介于 14 型飞机和北极星飞机之间的超级伊莱克特拉及其更大型的衍生型飞机，却并没有取得道格拉斯双发动机客机那样的成就。

波音 314 "飞剪船" 飞机（1938）

泛美航空借助波音公司优越的 314 型 "飞剪船" 飞机飞越了大西洋和太平洋。在制造了 12 架机后，这款卓越的水上飞机就因第二次世界大战而停止了制造，而真正意义上的远程水上飞机也因此而不再发展。

泛美航空 1927 年 10 月 19 日开始运营，采用仙童 FC-2 水上飞机在佛罗里达州基斯维特和古巴哈瓦那之间进行邮政运输服务。由于该线路为国际航线，而且采用了水上飞机，因此泛美航空随后的业务扩展都受到了影响。在胡安·特里普的领导下，泛美航空主要经营加勒比地区以及中南美洲航线业务。

通过直接运营和下属子公司运营，泛美航空最终将业务延伸到智利。尽管福克 F.VIIb/3m 飞机是泛美航空的主力飞机，但是由于美洲大陆缺少合适的降落机场，而且水域众多，因此该公司也广泛使用水上飞机，西科斯基 S-38 型飞机成为加勒比地区航线上的主力飞机。后来，1931 年 S-40 飞机开始在此航线上运营，成为该公司的首架 "飞剪船飞机"。那时，泛美航空是美国—南美线路上的顶尖运输公司，但是它的野心不限于此，还要向大西洋和太平洋地区发展。泛美航空有心和英国海外航空公司[一]一起经营跨大西洋航线，

飞机机组人员
飞行员和副驾驶并排坐在宽敞的驾驶舱内，而引航员坐在他们后左舷窗边，而无线电联络员和机械师坐在右侧舷窗。

舷侧突出部
与多尼尔水上飞机相似，"飞剪船" 也采用了机身舷侧突出结构，摒弃了翼间浮筒。

[一] The British Overseas Airways Corporation（简称 BOAC），在 1939—1946 年间是英国的国营航空公司；后于 1974 年与英国欧洲航空公司（British European Airways）正式合并成为现在的英国航空公司（British Airways）。

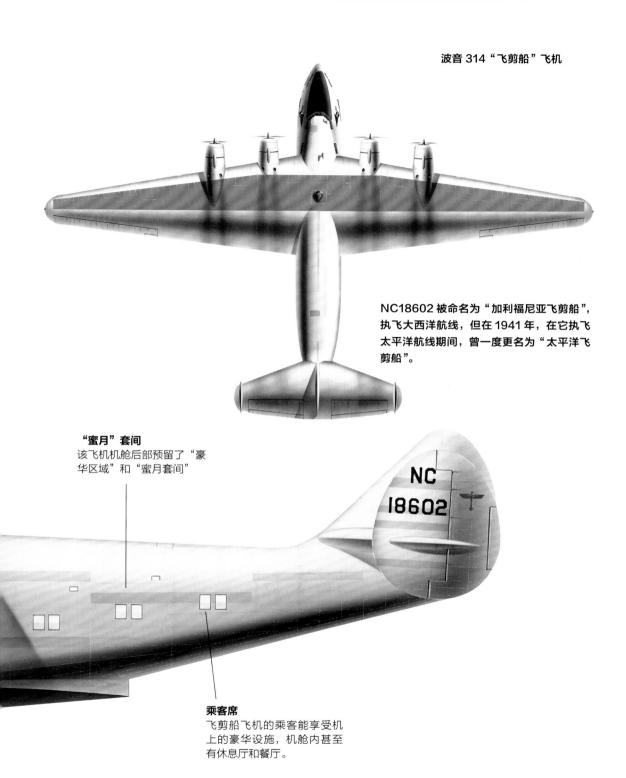

波音 314 "飞剪船" 飞机

NC18602 被命名为"加利福尼亚飞剪船",执飞大西洋航线,但在 1941 年,在它执飞太平洋航线期间,曾一度更名为"太平洋飞剪船"。

"蜜月"套间
该飞机机舱后部预留了"豪华区域"和"蜜月套间"

NC
18602

乘客席
飞剪船飞机的乘客能享受机上的豪华设施,机舱内甚至有休息厅和餐厅。

"飞剪船"飞机为越洋乘客提供了卓越的舒适体验,但是第二次世界大战的爆发阻断了"飞剪船"的服务。

但是当时的英国航空公司并没有适合此线路的飞机。

受挫之后,特里普把目光转向太平洋地区。1935年11月22日,泛美航空首次开通旧金山一马尼拉之间的邮政服务航线。他选中马丁公司的M-130"中国飞剪船"飞机来执飞此航线,该飞机是41座水上飞机,其同类型号飞机于1936年10月21日进行了首次载客飞行。

波音飞剪船飞机

与此同时,波音公司设计师韦尔伍德·比尔坚信自己能够设计出一款飞机,能抗衡泛美航空由马丁公司和西科斯基生产的水上飞机。比尔的设计意图是使用波音公司XB-15轰炸机的发动机、横尾翼和机翼,使其航程能够飞越大西洋。

规格(波音314A 飞剪船)	
类型	越洋水上飞机
尺寸	翼展32.85米、机长32.30米、机高8.40米
毛重	38 000千克
动力装置	4台1600马力莱特GR-2600旋风星形活塞发动机
巡航速度	296千米/时
航程	8369千米
使用升限	4085米
机组人员	5
乘客	74

比尔将这些现成的部件安装到庞大机身之上,使之能够容纳多达74名乘客或者34个卧铺席位。

1936年2月,波音公司将此设计交给泛美航空,后者于6月21日订购了6架飞机,还有6架待定。该型飞机命名为波音314"飞剪船"飞机,于1938年6月7日首次从华盛顿州皮吉特湾起飞。该架飞机安装了短机翼和大型飞行舵,而这些并不能完全进行方向控制,试飞员艾迪·阿伦被迫使用两台莱特R-2600双旋风发动机的差分动力来保持直飞。

随后又试飞了双尾翼构造型号,但是效果仍不令人满意,这种情况直到波音公司采用一个中部机翼、两个机尾飞翼,并且在每个机尾后加装飞行舵后才得以解决。问题解决后,美国民用航空局才发放了认证许可。该型首架飞机才于1939年1月交付;到6月16日,泛美航空所订购的6架飞机都已交付。两架"飞剪船"飞机指定用于运营旧金山至香港航线,剩下的4架飞机开始准备跨大西洋飞行工作,于同年3月3日进行试飞。

与此同时,泛美航空买下了预定的6架飞机,不过要求波音公司更改配置,包括换装动力更大的发动机,增加3个机舱座位。波音公司将此改进型号命名为波音314A型,而泛美航空也将其之前购买的飞机升级到了该型飞机的标准。

1939年5月20日,泛美航空开通纽约和法国马赛之间的跨大西洋定期邮政航班,而第二架"飞剪船"飞机用于飞往夏威夷。6月28日,"飞剪船"飞机第一次开通纽约至葡萄牙里斯本的乘客航班,而纽约到英国南安普敦的北大西洋乘客航班则于 7 月 8 日开通。

　　本来泛美航空的"飞剪船"飞机航线潜力无限，但是因第二次世界大战爆发而受到影响。后来泛美航空将其飞机运营业务主要转向了政府合同业务，但其发展潜能也被遏制。1941 年，3 架新制造的波音 314A 飞机交付给英国海外航空公司，用于执飞重要的大西洋航线，而"飞剪船"飞机也成为富兰克林·D. 罗斯福总统和温斯顿·丘吉尔首相信赖的远程运输飞机。1946 年，第二次世界大战后幸存下来的"飞剪船"飞机从泛美航空退役，英国购买的"飞剪船"飞机也回到美国。所有这些飞机都转移给二线运营商。这些飞机的湮灭表明远程水上飞机时代的结束，而陆上飞机的航运里程已经可以保证在各机场间飞行，适用范围更为广泛。

"飞剪船"飞机命名规则

　　"飞剪船"飞机共生产了 12 架，每架都单独命名：泛美航空飞剪船飞机的名称如下：檀香山飞剪船（NC18601），加利福尼亚飞剪船（NC18602，如下图所示），美国人飞剪船（NC18603），大西洋飞剪船（NC18604），狄克西飞剪船（NC18605），美国飞剪船（NC18606），太平洋飞剪船（NC18609），澳新军团飞剪船（NC18611），开普敦飞剪船（NC18612）。1941 年，NC18602 和 NC18609 因交换太平洋和大西洋航线而曾短暂互换名称。NC18603 是唯一一发生坠机事故的"飞剪船"飞机。1942 年 2 月 22 日，在降落时，它在里斯本塔霍河上空坠毁，机上 39 名乘客和机组人员中有 24 人遇难。

　　NC18601 和 NC18612 两架飞机因在海上遭遇事故而沉没，前者服役于美国海军。第二次世界大战期间，两架"飞剪船"飞机编入美国海军、3 架编入美国陆军航空兵。英国海外航空公司的 3 架"飞剪船"分别命名为布里斯托（G–AGBZ/NC18607）、贝里克（G–AGCA/NC18608）和班戈（G–AGCB/NC18610）。

波音 307 "平流层" 客机（1938）

在波音 B-17 轰炸机的全新机身上安装主要部件后，波音公司制造出了世界上第一架设有增压舱的客机。该机型取得了巨大成功，但是由于第二次世界大战的爆发，它只生产了 10 架就停产了。

本来，道格拉斯公司已经打败了波音 247D 飞机，但波音公司不会束手就擒，而是开始致力于生产下一代客机，通过客舱加压、增加飞行高度等措施，在乘客舒适度和飞行效率方面领先了一步。

通过加压，飞机可以在气压降低的高空中飞行，同时机舱内的气压却可以保持在低空水平。乘客和机组人员感受到的是客舱气压而不是飞行高度气压，因为后者会令人非常不适，甚至导致死亡。当然，飞机加压必须为乘客提供可呼吸空气，因为高空中氧气含量太低，不适合舒适呼吸。另外，空气还必须加热，因为随着高度增加，气温会降低。

大型加压维持生命系统是一项工程难题，而解决此难题可以提升性能，因为如果高效加压，飞机就可以具备高空飞行能力，使其能在"对流层之上飞行"，从而飞行得更加平稳、更加舒适，服务也会更加便捷。

机组成员
波音"平流层"飞机是引入飞行机械师后制造的第一架陆上客机，其职责是控制和监控客机增压系统。

乘客座位
客舱内由帘布分隔成 4 个座位区域，可搭载 33 名乘客。其中 9 个倾斜座位可供乘客睡觉。

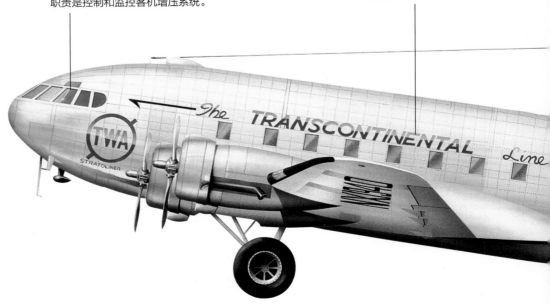

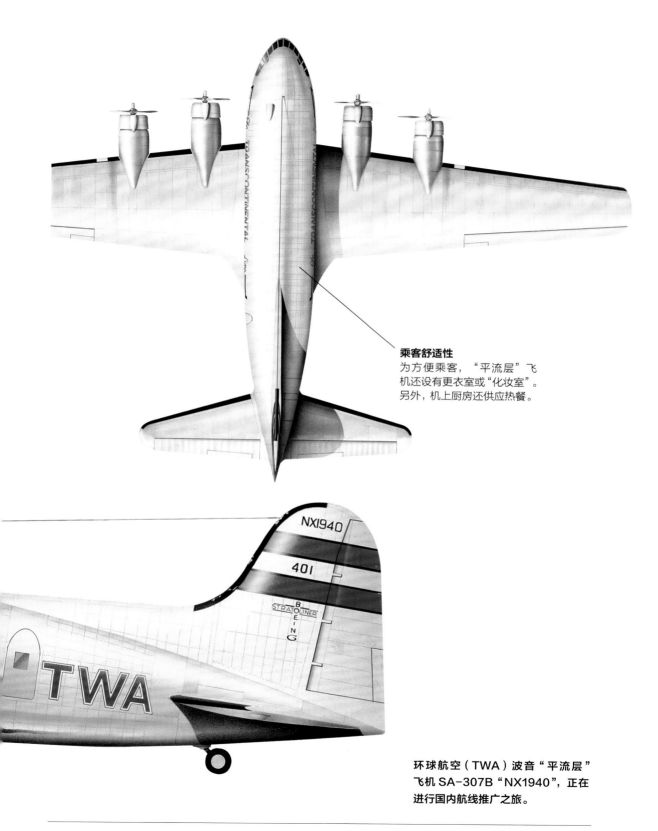

乘客舒适性

为方便乘客，"平流层"飞机还设有更衣室或"化妆室"。另外，机上厨房还供应热餐。

环球航空（TWA）波音"平流层"飞机 SA-307B "NX1940"，正在进行国内航线推广之旅。

霍华德·休斯最终出售了其私人"平流层"飞机。该飞机后来改成豪华游览飞机

"平流层"飞机工程设计

1935 年 7 月，波音公司试飞其第一架 299 型轰炸机原型机。公司总裁克莱尔·艾吉维特和首席工程师艾德·威尔斯谈到了该型加压运输飞机的可靠性问题。299 型飞机继续研发生产，制造出了 B-17 飞行堡垒，但是威尔斯得出的结论是，尽管 B-17 轰炸机的尾翼、发动机以及机翼可以用作客机部件，但是其机身并不适合加压。

因此，威尔斯创新设计了圆截面机身，通过增压驱动系统进行加压。该飞机拥有多达 33 个舒适的乘客座位，波音将其命名为 S-307 平流层客机，该名称意指该飞机的高空飞行能力。实际上，

规格（波音 SA-307B "平流层"飞机）

类型	远程增压客机
尺寸	翼展 32.70 米、机长 22.70 米、机高 6.30 米
毛重	19 050 千克
动力装置	4 台 1000 马力莱特 GR-1820 旋风星形活塞发动机
最大速度	396 千米/时
航程	3846 千米
使用升限	7985 米
机组人员	3
乘客	33（后来增为 38）

该型飞机的使用升限并未达到平流层高度，但是它能在 6096 米高度舒适巡航，从而使之免受大多数不良天气状况影响。该飞机上安装了 B-17C 轰炸机的机翼、尾翼以及莱特旋风星形发动机。

1937 年，泛美航空订购了 4 架该型飞机。第一架飞机，即该型原型机，于 1938 年 12 月 31 日进行了首次飞行。后来，该飞机在一次展示飞行中失踪，机上所有物品和人员，包括两名荷兰航空的代表，一并失踪。这是因为该机在飞越喀斯喀特山时发生了翻转，尽管试飞员尤里乌斯·巴尔将其飞正，但是这种操控给机身带来了过大压力，最终导致飞机解体。

于是，波音公司重新设计了更大的机翼和机身背部整流片，随后也应用在 B-17 轰炸机上，从"B-17E"系列之后一直采用这种结构。测试项目后来持续进行，1940 年 3 月 13 日获得认证。不久之后，泛美航空就将其 3 架平流层客机用于执飞南美航线。

环球航空公司

环球航空也想在其机队中增加这款世界上第一种增压客机。该公司订购了 5 架稍做修改的飞机，波音将其命名为 SA-307B。其中一架飞机注册为"NX1940"，执飞美国国内航线，用于宣传该公司称为"1940 客机"的飞行网络。1940 年 7 月，该公司推出横跨美洲大陆的平流层飞行航线，其中一架执飞洛杉矶至纽约航线的飞机创造了新的飞行纪录，用时 11 小时 45 分钟。

霍华德·休斯也对波音 307 飞机很感兴趣，

欲将其作为飞行平台，打破自己驾驶洛克希德 14 型飞机创造的环球飞行历史。但是波音公司通知他说，所有飞机都交付给了泛美航空和环球航空。霍华德后来通过控股环球航空，将第 6 架"平流层"飞机改成了他的私人飞机。

这架飞机在交付时还采用了最初的尾翼结构，并在泛美航空飞机型号上安装了宽舱发动机整流罩。另外，该架飞机还加装了 8 个副油箱，希望能够在环球飞行时候只需停留加油 4 次即可。但是，第二次世界大战的爆发使得霍华德的飞行计划没能完成。因此，他重新改造飞机，用于个人运输服务。

第二次世界大战开始后，环球航空有 5 架飞机被征作军用，安装了 B-17G 轰炸机机翼和发动机短舱。这些飞机后来重返航线服务，载客 38 人，并一直服役到 1951 年。和泛美航空飞机类似，这些飞机后来也遍布世界各地，交由各种二线运营商使用。其中一架泛美航空飞机最后还成为海地总统的私人飞机。在其废弃后，波音公司修复了这架飞机，现在在美国国家航空航天博物馆中展示。

波音公司业务

环球航空将波音"平流层"飞机 NX19906 注册为 NX1940，用于其"1940 年客机"全美业务推广之旅。波音公司只生产了 10 架"平流层"飞机，大多数都卖给了环球航空。第二次世界大战前，环球航空的该型飞机共飞行了 720 万千米。现今，只有一架"平流层"飞机完整保存了下来——在其从海地退役后，2001 年被波音公司修复。波音公司将其命名为"飞剪船飞云"，2002 年 3 月 28 日从华盛顿波音国际机场起飞，但是其主起落架出现了问题，由于驾驶员紧急降落失败，随机机械师不得不手动操控起落架降落。

随着起落架落下，飞机重新降落。但是由于飞机燃料耗尽，机组人员被迫降落在邻近的皮吉特湾机场。此次迫降没有造成人员伤亡，飞机损伤也很快被修复了。现在，这架飞机以完美形态停放在美国国家航空航天博物馆史蒂文·乌德沃尔哈齐中心里。

道格拉斯DC-4、DC-6和DC-7（1938）

尽管 DC-4E 是个失误，但是道格拉斯公司却从 DC-4 开始，开创了 DC 系列卓越客机，并经过 DC-6，在 DC-7 达到巅峰，完美展现出了活塞发动机科技技术的最高峰。

尽管道格拉斯的DC-3在市场占据主导地位，但是道格拉斯公司和波音公司一样，也意识到新一代商业运输飞机应该是增压飞机，并增加载客人数。道格拉斯和美国联合航空合作生产了DC-4，随后命名为DC-4E 飞机。该飞机特点鲜明，为三翼飞机，载客52人，设有增压客舱。该型飞机 1938 年 6 月首飞，但是结果却令人失望。由于维修保养过于困难和复杂，性能也不尽如人意，所以在 1939 年卖给日本 1 架外，就没有了下文。

但是，道格拉斯并没有放弃这种想法：生产一种远程的、载客量大的飞机。道格拉斯开始着手设计新型 DC-4。DC-4 尽管稍微简单，但也装备了 DC-4E 的增压机舱和雄心勃勃的后掠翼。另外，其设计中包括一个高直尾翼和方向舵，还有用于高效巡航飞行的大展弦比机翼。机体比 DC-4E 短，DC-4 机重只是前者的 3/4，载客 42 人。美国航空、美国东部航空和美国联合航空都对 DC-4 型飞机感兴趣，但是就像第二次世界大战爆发对波音"平流层"飞机的影响一样，DC-4 的发展也受到干扰。1942 年 3 月

梅林发动机
加拿大航空为 DC-4M 安装了罗尔斯·罗伊斯"梅林"发动机，以满足皇家加拿大空军对飞机更高性能要求，另外，这也是为了避免进口美国发动机要缴纳的进口税。

环形散热器
"梅林"发动机安装了环形散热器，发动机短舱因而有了一个圆截面。

26 日，DC-4 以军用型号 C-54 "空中霸王"
（Skymaster）的名称首飞。此后，道格拉斯继
续改进设计。第二次世界大战期间，美国军方订
购的 C-54 飞机完成了 88 000 次飞越大西洋和
太平洋飞行任务，只损失了 3 架飞机。

DC-4 的高可靠性为战后的商业飞行成功埋
下了伏笔。尽管道格拉斯公司只卖出了少量的新
型 DC-4-1037 货运飞机和 DC-4-1009 客货
混合飞机，但大多数 DC-4 还是军用版 C-54 退
役飞机。这些飞机服务范围广、里程远，第一次
开启了越洋定期航班。进入 20 世纪 50 年代，它
仍有很大改装潜力。在加拿大，加拿大航空公司

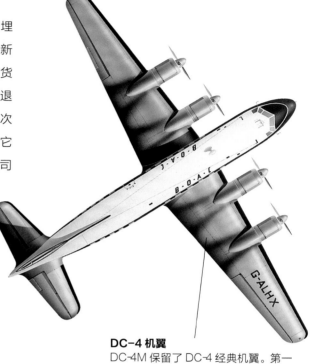

DC-4 机翼
DC-4M 保留了 DC-4 经典机翼。第一
架 DC-4M 由 C-54G 飞机改装而成。

由于阿弗罗·帝陀没能过渡为成熟实用型
客机，因此英国海外航空公司（BOAC）
从加拿大航空购进了 22 架 DC-4M。这
些飞机首先用于香港航线，替代阿弗罗·约
克陆上飞机和肖特·桑德灵汉姆水上飞机。

增压机身
加拿大航空从零起步制造的 DC-
4M，包括增压机身，其中用到了
道格拉斯 DC-6 的一些设计因素。

生产了 46 架 DC-4M 飞机，主要是改进 C-54 设计，采用罗尔斯·罗伊斯公司的梅林发动机。该型飞机服务于环加拿大航空、英国海外航空（BOAC）以及加拿大皇家空军。

DC-6

美国空军对 C-54 非常满意，并投资开发一款机体更大、带增压舱的版本。1946 年 2 月 15 日，XC-112A 首飞。由于在商业市场受到波音 377 同温层飞机和洛克希德星座飞机这两款增压

1956 年，布拉尼夫国际航空公司接收该架 DC-7C 飞机。该机在布拉尼夫公司服役到 1958 年，彼时已经进入喷气飞机时代，而公司也于 1959 年拥有了第一架波音 707 飞机。

舱设计飞机的威胁，道格拉斯还同时研发了带增压舱的飞机，这就是 DC-6。该型飞机机身加长 2.06 米，设有 48~52 个标准座位，但是如果座位设置密度加大，也可最多载客 86 人。

该型飞机换装了 2100 马力 R-2800CA-15 双大黄蜂发动机，替代之前 DC-4 的 1450 马力普惠双大黄蜂发动机。这款新飞机首先赢得了美国航空的 50 架订单。1949 年 6 月 29 日，该飞机完成首飞，1950 年 4 月开始执飞纽约—芝加哥航线。后续机型包括动力更强、机身加长 1.52 米的 DC-6A 货机以及可拆卸座椅的 DC-6C，后者为客货两用型飞机。实际上，1951 年 2 月 2 日首飞的 DC-6B 才是该系列的终极衍生飞机，它在 1958 年停止生产，共制造了 288 架。长度与 DC-6A 相似，DC-6B 的机舱进行改造，设有 64 个标准座位，也可设置紧凑型座位 92 个。泛美世界航空后来修改了此型飞机的配置，增加了载油量和有效载荷，同时提升了巡航速度，用于该公司 1952 年 5 月 1

规格（DC-7C）

类型	远程客机
尺寸	翼展 38.86 米、机长 34.21 米、机高 9.70 米
最大起飞重量	64 864 千克
动力装置	4 台 3400 马力莱特 R-3350-18EA-1 涡轮增压星形活塞发动机
最大速度	653 千米/时
航程	7411 千米
使用升限	6615 米
机组人员	3
乘客	105

日开启的伦敦—纽约旅游航线。该越洋航线上的"超级6"飞机拥有82~88个标准乘客座位。

DC-7

尽管借助DC-6道格拉斯成功挑战了"星座"飞机和"平流层"飞机，但是在洛克希德引入超级星座飞机后，道格拉斯再次面临落伍的风险。作为反击，道格拉斯推出DC-7应对，根据美国25架飞机订单进行生产，安装4台3700马力莱特R-3350-18EA-1涡轮增压星形活塞发动机。虽然仅比DC-6B长1.02米，但是DC-7多加一排座椅，后来还衍生出机体更长的DC-7B，用于越洋飞行。

1955年6月13日，泛美航空第一架DC-7B飞越大西洋，但是虽然西行边际航程达标，但是中间不得不多次停靠加油。为解决此问题，道格拉斯公司研发了DC-7C，该机采用DC-4改进机翼，发动机内增加空间储存更多燃料。由于动力加大，机身再次加长，而乘客人数也增加到105人。

DC-7C以"七海"之名为大家熟悉，是最后的顶级活塞发动机客机，无论是大西洋还是太平洋，都在其航程覆盖之内。1957年9月11日起，泛美航空开启了飞越北极的纽约—西雅图"大圆环"航线，但是随后到来的喷气机时代让活塞发动机客机走到了尽头。

空中霸王

1930年11月3日，托马斯·布拉尼夫创建了布拉尼夫航空公司。到30年代末，其公司机队拥有DC-2和DC-3客机。第二次世界大战后，该公司也购进了退役的C-54，包括1945年购入的美国空军飞机N65145号。这架飞机在布拉尼夫公司服役，1954年转手洛杉矶航空公司，1955年又转手到谜航航空（Riddle Airlines）。同年，该机转手惠勒航空，在加拿大注册，1956年转回惠勒航空前在米勒航空服役一段时间。1959年，该机因发动机失火注销使用，结束了在惠勒航空的服役。

洛克希德"星座"和"超级星座"飞机（1943）

位列已制成最雅致飞机之列，"星座"飞机证明自己非常适合型号扩展，其巅峰之作"星际线"和 DC-7C、"同温层"飞机等同处最伟大活塞发动机客机之榜。

1939 年 6 月 9 日，霍华德·休斯和环球航空公司主席杰克·弗莱参观洛克希德公司，同时他们还带去了一份让人瞠目结舌的客机设计参数要求。根据该要求，新飞机发动机为 2200 马力、航程能够从纽约直飞伦敦，中间不经停。波音公司和道格拉斯公司已经投入了该项目，于是洛克希德公司交由哈尔·西伯德和克拉伦斯·凯利·约翰逊负责这个项目，这就是 49 型（L-049）"星座"飞机。1939 年年末，环球航空决定购买 9 架"星座"飞机。

"星座"飞机机身修长，采用不常见的弯曲翼

型，机翼翼型是从 P-38 雷电战斗机升级而来。按照设计，这架纤细的飞机能够高速巡航、采用三垂尾布局，它还安装了 4 台莱特 R-3350 旋风星形发动机。1943 年 1 月 9 日，该机首飞。而当时美国空军也迫切需要高速运输机，于是环球航空订单被军方征用，美国空军后来还追加了180 架军用 C-69 飞机订单。

但是，美国空军的订单只完成了 15 架，剩下的订单就因对日作战胜利日的到来而取消。当时，还有另外 9 架飞机在生产线上。稍做修改后，洛克希德公司买下了美国空军幸存的 12 架飞机，

机首雷达
许多"超级星座"飞机的显著特点就是机首加长，机首天线罩里面是一台气象雷达。

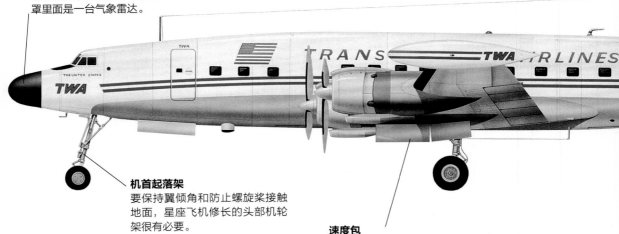

机首起落架
要保持翼倾角和防止螺旋桨接触地面，星座飞机修长的头部机轮架很有必要。

速度包
速度包货物筐是可选配置，可以安装在飞机中部下方位置，尽管它兼容绝大多数星座衍生型飞机，但在 L-649/749 飞机上居多。

所有生产工具以及未完工的飞机和配件。到 1945 年 11 月，洛克希德公司在 8 个客户手中获得了 89 架 L-049 型飞机订单，洛克希德公司将这些飞机，以及之前环球航空订购的飞机重新装饰后，优先交付给了泛美航空。

1945 年 11 月 15 日，环球航空接收了第一架星座飞机，12 月 3 日进行航路测试。1946 年 1 月 14 日泛美航空开通了第一架 L-049 飞机的运营线路，执飞纽约—百慕大航线，2 月 4 日开始越洋飞行。2 月 7 日，环球航空开通纽约—巴

洛克希德"星座"和"超级星座"飞机

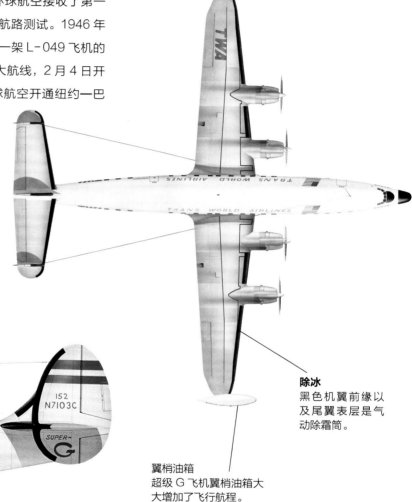

除冰
黑色机翼前缘以及尾翼表层是气动除霜筒。

翼梢油箱
超级 G 飞机翼梢油箱大大增加了飞行航程。

环球航空是超级 G 飞机的主要用户，其服务包括大使级产品，现在称之为商务产品。大使级乘客在机场上可以享受私人设施。

黎航线，2月15日开通首条洛杉矶一纽约航线，其用时比"同温层"飞机减少5个小时。

1946年7月11日，全球航空公司一架飞机因电子设备失火造成机队停飞，但是由于市场表现优异，"星座"飞机开始赢得来自欧洲主要航空公司、以色列El Al公司以及美国运营商的订单。事故发生后，洛克希德公司抓住机会解决了发动机问题，利用燃油喷射系统替代了R-3350化油器。1946年8月23日，"星座"飞机复飞。

"星座"飞机演化

早在1945年5月，洛克希德公司就开始改

规格（L-1049C）	
类型	星座远程客机
尺寸	翼展37.49米、机长（含机首雷达）35.42米、机高7.56米
最大起飞重量	60 329千克
动力装置	4台3250马力莱特R-3350-972TC18DA-1 18缸涡轮增压星形活塞发动机
最大速度	602千米/时
航程	6470千米
使用升限	7071米
机组人员	3~5

"超级星座"原型机是从最初的L-049飞机重建而来。1943年，原始配置飞机首飞，1957年退役。

进"星座"飞机。一些航空公司，尤其是美国东方航空公司，呼吁建造新飞机，要求巡航速度更高、有效载荷更大、经济性更好。洛克希德公司几乎变更了50%的设计图纸，生产出了L-649，满足了这些明显相互矛盾的需求。1946年10月19日，该新型飞机升级发动机后首飞，但只生产了14架，全部交付给了美国东方航空公司。

洛克希德生产线转而生产L-749。它号称航程超出L-649飞机1609千米，可以不经停靠直接向东飞越大西洋；但是西向飞行由于是逆风，还需要中间停靠加油。首架L-749由法国航空接收。由于该型飞机销路很好，所以洛克希德公司1949年推出升级版L-749A，机重增加、结构加强。1950年，南非航空获得首架L-749A。

超级星座飞机

1949年，洛克希德公司开始改造L-049，成为L-1049"超级星座"飞机的原型机。新飞机机身拓展、尾翼加大、油箱容量加大，还安装了动力更大的2700马力R-3350-CA1涡轮增压发动机。1950年10月13日，该型飞机再次"起飞"。1951年8月1日，载客71~99人的"超级星座"飞机开工制造，12月15日进入美国东方航空公司服役。

L-1049A 和 B 型为军用衍生型飞机，但是 L-1049C 是为民用市场制造的，安装新型 3250 马力的 R-3350-972TC18DA 复合涡轮发动机。1953 年，荷兰皇家航空公司开通 L-1049C 运营航线。沿海西部航空购买了 4 架 L-1049D 货运飞机，随后还有少量的改进型 L-1049E 客机。

超级 G 和星际线飞机

L-1049G 是星座飞机的重大改进机型，销售推广时将之命名为"超级 G"。由于具有更强劲的动力和更大的载重量，超级 G 能够加挂 2271 升（600 美国加仑）机翼油箱，为东向飞越大西洋航班提供了更高的可靠性。1954 年 12 月 12 日，超级 G 首飞，1955 年 1 月入役美国西北航空公司。L-1049H 型客货两用飞机是超级 G 飞机的唯一衍生型号，即使步入了喷气式飞机时代，L-1049G 的销路仍旧很好。实际上，洛克希德公司继续提升其活塞飞机的航程，而且为了应对 DC-7C 飞机竞争，洛克希德公司又开发了 L-1649A"星际线"飞机。该型飞机第一次改变了 L-1049G 基础型结构，采用全新机翼，但是在安装涡轮螺旋桨发动机失败后，该机仍旧采用了涡轮增压发动机。

L-1649A 最初因"超星星座"之名而广为人知，但在 1956 年 10 月 11 日首飞时更名"星际线"。有几家航空公司下单，订购了少量飞机。1957 年 7 月 9 日，法航首架"星际线"飞机从洛杉矶直飞巴黎，交付使用。

DC-7C 和 L-1649C 运营商们轮流创造纪录，在现有远途航线上展开竞争。但是环球航空公司却逐渐撤出了其"星际线"飞机，转而使用喷气式飞机。1963 年，环球航空停飞"星际线"客机，1967 年停飞美国国内该型号的货运飞机。

二线航线业务

在主流运营商撤出星座飞机及其衍生型号的运营后，这些飞机在二线航线上又开始得到广泛应用。L-749A PH-TFD 交付给荷兰皇家航空公司，1954 年重新注册为 PH-LDD。该飞机在荷兰服役到 1960 年。1963 年，PH-LDD 转手南美乌拉圭航空公司（CAUSA），该公司还有几架同类型的飞机，注册号为 CX-BCS；1968 年该机退出使用，1972 年解体。

波音 377 "同温层" 飞机（1947）

毫无疑问，波音"同温层"飞机和 DC-7C 以及"星际线"飞机都同处世界最先进活塞发动机飞机之列。该型飞机非常繁杂，在很多方面都预示着喷气式飞机时代即将来临，由于受到发动机性能的制约，其辉煌时期只持续了十多年。

波音公司当时分身乏术，就在其"同温层"飞机和"飞剪船"飞机这两款卓越机型欣欣向荣之际，第二次世界大战爆发了。战争阻断了民航运营，公司也被迫重新聚焦军用飞机的生产。但是，波音公司也走出了一条开创之路，即充分利用军事科技，将之用于民用市场：247 型飞机设计来自 B-9 轰炸机，"同温层"飞机的很多部件来自 B-17 轰炸机，而"飞剪船"飞机也来自 XB-15。

接下来，波音以 B-29"超级堡垒"轰炸机的机翼、发动机、尾翼和起落架，以及其 2/3 的机身为基础，为美国空军建造了 XC-97 运输机原型机。该原型机上部设计成气泡状，替代了

B-29 轰炸机上部 1/3 的机身，形成一个倒"8"字形横截面，从而在主舱板下留出巨大的空间和宽阔的舱室。

这款设计发展潜力明显，美国空军就获得 3 架 XC-97 原型机、6 架 YC-97 试制机、3 架使用 B-50 轰炸机零件的 YC-97A 运输机，以及 1 架 YC-97B 飞机，YC-97B 的载客量为 80 人，内部装饰豪华。YC-97A 飞机采用了 B-50 轰炸机研发过程中开发的铝合金 75ST，还有 B-50 的机翼和发动机。YC-97B 是彻头彻尾的军用客机，而 377 型"同温层"原型机是直接在 YC-97B 的生产线上制造的。

驾驶员座舱玻璃窗
由于采用了独特的非梯形座舱设计，机组成员视线极佳，因此有驾驶员说这一点弥补了"同温层"飞机不好降落的难题。

"冠冕"舱室
英国海外航线公司越洋航线同温层客机采用了冠冕布局，上层客舱载客 67 人、下层客舱载客 14 人。

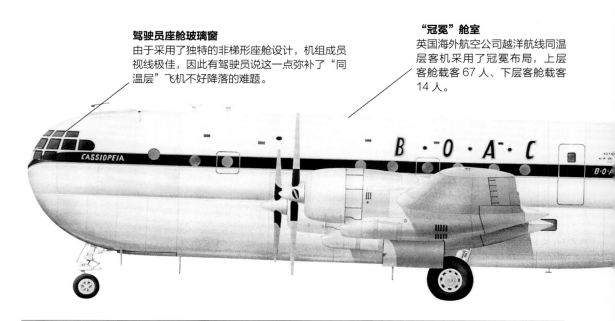

波音 377"同温层"飞机

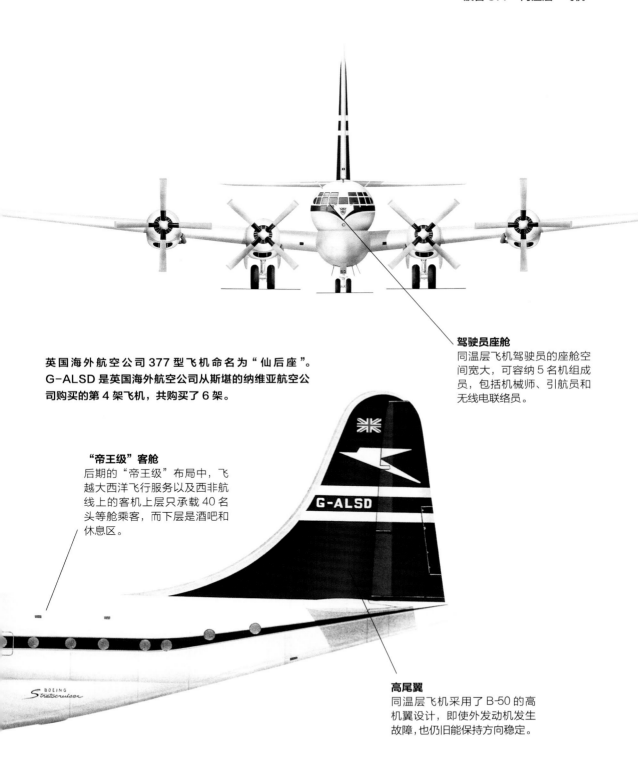

英国海外航空公司 377 型飞机命名为"仙后座"。G-ALSD 是英国海外航空公司从斯堪的纳维亚航空公司购买的第 4 架飞机，共购买了 6 架。

驾驶员座舱
同温层飞机驾驶员的座舱空间宽大，可容纳 5 名机组成员，包括机械师、引航员和无线电联络员。

"帝王级"客舱
后期的"帝王级"布局中，飞越大西洋飞行服务以及西非航线上的客机上层只承载 40 名头等舱乘客，而下层是酒吧和休息区。

高尾翼
同温层飞机采用了 B-50 的高机翼设计，即使外发动机发生故障，也仍旧能保持方向稳定。

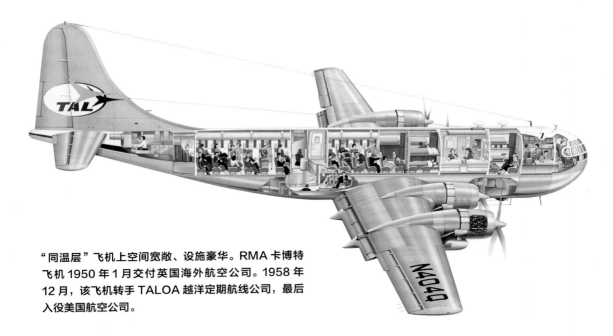

"同温层"飞机上空间宽敞、设施豪华。RMA 卡博特飞机 1950 年 1 月交付英国海外航空公司。1958 年 12 月，该飞机转手 TALOA 越洋定期航线公司，最后入役美国航空公司。

繁杂设计

377 型飞机可搭载 5 名机组成员、双舱、涡轮增压发动机、增压舱室，另外还有加热增压货舱——就技术而言，377 型是一款先进且复杂的飞机，甚至可以媲美道格拉斯和洛克希德最新型的螺旋桨飞机。尽管该飞机对航空公司的维修部门要

求高、运营费用也很昂贵，但是它的优点是载客量大，还可为长途旅行提供豪华旅途空间，虽然刚开始其早期型号的飞行里程并不足以飞越大西洋。

1944 年 11 月，XC-97 飞机首飞，而波音公司前一周刚刚宣布了波音 377 的消息。泛美航空首次订购 20 架 XC-97。1947 年 7 月 8 日该机型的原型机首飞，1950 年 10 月 24 日进入泛美航空服役；但是早在 1949 年 4 月 1 日，第一架量产机就已执飞其第一条航线了，从旧金山到火奴鲁鲁的航线。泛美航空随后在其"同温层"飞机上增加了 1519 升燃油搭载量，因此能够轻松涵盖纽约—伦敦—巴黎航线全程。1949 年 6 月 2 日起，该型飞机开始替代泛美航空飞越大西洋的"星座"飞机。

泛美航空订购了 20 架"同温层"飞机，加上其他航空公司也订购了一些飞机，包括美国海外航空公司订购了 8 架，美国西北航空公司 10 架、美国联合航空 7 架、英国海外航空公司 6 架，但是它的销售情况仍旧让人失望。虽然"同温层"飞机在奢侈服务上挣了点钱，但是由于飞行和运营成本高，最新型 DC-6 和 DC-7、"超级星座"

规格	
类型	远程客机
尺寸	翼展 43 米、机长 33.65 米、机高 11.66 米
正常起飞重量	76 195 千克
动力装置	4 台 3500 马力普惠 R-4360 大黄蜂 28 缸 4 排涡轮增压星形活塞发动机
最大速度	603 千米 / 时
航程	7360 千米
使用升限	超过 9760 米
机组人员	5
乘客	通常上层 67 名、下层 14 名

等都给波音公司带来了压力。一系列事故，其中还有两起致死事故，也重挫了该型飞机的安全记录，而在总共 56 架运营飞机中，仅仅十年间就有 6 架在一线运营中损毁。

"同温层"飞机配备的汉密尔顿标准螺旋桨极易发生疲劳损坏，这也是那两起致死事故的主要原因，其后还导致多达 12 起事故。但是，安装了柯蒂斯电器公司螺旋桨的飞机却没有此类问题。另外，发动机可靠性也是问题，特别是火花塞，机械师们要拼尽全力地让所有的 56 个火花塞都良好工作，而最初时候气缸寿命还比较短，供油也不稳定。

但是不管怎么说，泛美航空和英国海外航空公司的"同温层"飞机运营得都比较成功，它们还扩充了自己的"同温层"飞机机队。1950 年，泛美航空收购了美国海外航空公司及其 6 架 337 型飞机，而英国海外航空公司从泛美航空转购了 1 架"同温层"飞机，从斯堪的纳维亚航空公司购买了 4 架、从美国联合航空买了 6 架。1949 年之后的 10 年间，英国海外航空公司在其主要越洋航线以及西非航线上都是使用了"同温层"飞机。

"同温层"飞机最后用于西非航空和加纳航空，那时机队飞机正由波音回收，准备卖给二线运营商。20 世纪 50 年代末，多数"同温层"飞机都是这种命运，而一些飞机后来被改造为卓越的"古比鱼"和"超级古比鱼"运输机。

同温层飞机原型机

1947 年，波音公司首次试飞同温层原型机 NX90700 号。测试任务完成后，该架飞机经过翻新，于 1950 年 9 月 24 日交付给泛美航空，并重新注册，号码为 N1022V。泛美航空所有"同温层"飞机都以"飞剪船"命名，而 N1022V 就称为"夜莺飞剪船"。服役 10 年后，泛美航空将之出售，该飞机其后出现在委内瑞拉 RANSA 航运公司，名称改为"卡洛斯"，注册号为"YV-C-ERI"。1961 年起，它与柯蒂斯 C-46"突击队"货机和道格拉斯 DC-6 货机一起执行飞行任务，并于 1969 年停止飞行。RANSA 还有另外 3 架"同温层"飞机，其中 1 架名称为 ex-N1036V"华盛顿号飞剪船"。但 1968 年，该飞机在一次事故中解体。

维克斯"子爵"客机（1948）

相比于"彗星"飞机的灾难性经历，维克斯"子爵"客机给世界带来了涡轮螺旋桨发动机可持续的商业运营。由于飞行平稳、拥有大机舱窗户，因此该飞机成为顾客首选，也是英国生产最多的机型。

英国在 1916 年就成立了首家航空公司，随后在 1919 年，英国航空工业就开始了生产商业飞机，但是这些飞机主要是根据英国需求而量身定制，很少用于出口。这种情况一直持续到第二次世界大战爆发，而英国飞机制造商也没能打入国际市场，国际市场一直由道格拉斯、多尼尔、福克或容克等公司称雄。

其实早在 1942 年，英国政府就开始考虑战后的商业飞机需求。英国政府聘请约翰·穆尔 - 布拉巴宗——他是英国航空业先驱，曾任英国飞机产业生产大臣，领导一个委员会，以确定飞机需求。这个委员会得出了很多论断，其中有些是非常超前的内容。

布拉巴宗 II 型飞机就是根据来自该委员会的建议设计的。它是一款适合欧洲航线的短机身客机，分为活塞推动的 II 型 A 和涡轮螺旋桨的 II 型 B。前者共生产出 20 架全部交付给英国欧洲航空公司（BEA），而后者就是维克斯的 VC2 飞机。

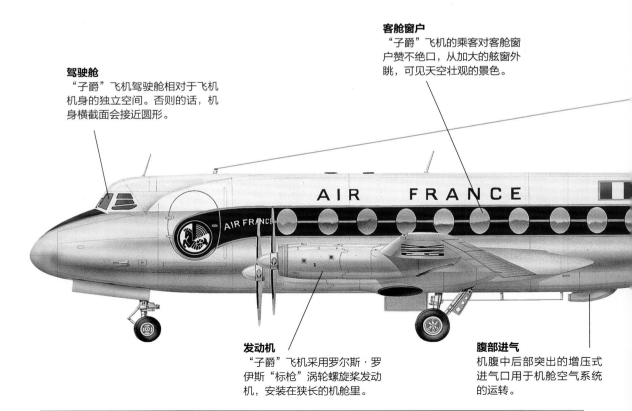

驾驶舱
"子爵"飞机驾驶舱相对于飞机机身的独立空间。否则的话，机身横截面会接近圆形。

客舱窗户
"子爵"飞机的乘客对客舱窗户赞不绝口，从加大的舷窗外眺，可见天空壮观的景色。

发动机
"子爵"飞机采用罗尔斯·罗伊斯"标枪"涡轮螺旋桨发动机，安装在狭长的机舱里。

腹部进气
机腹中后部突出的增压式进气口用于机舱空气系统的运转。

右图为维克斯公司为法国航空定制的"子爵"V.708
飞机。1953 年 5 月至 1954 年 8 月，法航接收了 12
架该型飞机，1961 年转手给其下属公司欧洲内部航空
公司。

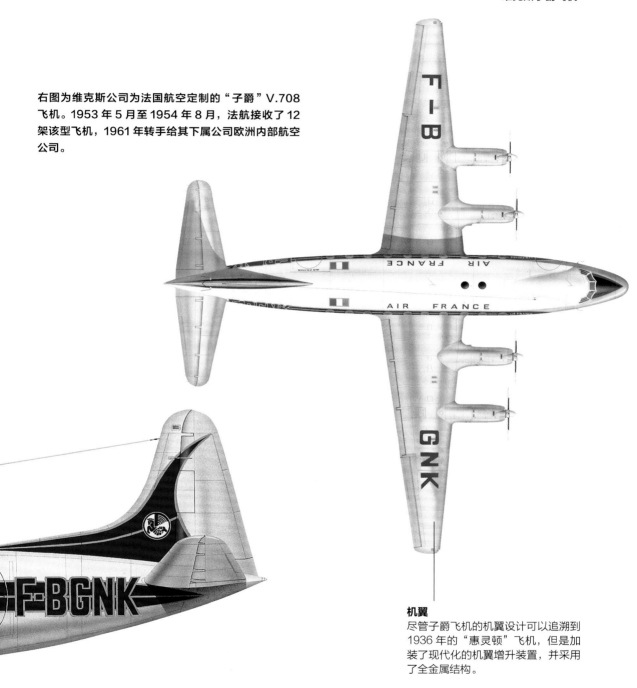

机翼
尽管子爵飞机的机翼设计可以追溯到
1936 年的"惠灵顿"飞机，但是加
装了现代化的机翼增升装置，并采用
了全金属结构。

从正面看，"子爵"飞机的上反角横尾翼和倾斜机首尤为明显。

维克斯的优势

1944 年 10 月，维克斯获得政府订单，签购 3 架"惠灵顿"运输机的合同。该飞机源于成功的"惠灵顿"轰炸机。维克斯公司据此生产了 VC1 维京号，虽是与 DC-3 同级别的飞机，但是却算不上成功。因此在 1946 年 4 月发布 Ⅱ 型 B 飞机规格要求前，维克斯公司一直在寻求"维京号"的替代机。Ⅱ 型 B 飞机的具体要求为载客 24 名、航程 1600 千米，但是首席设计师 G.R. 爱德华兹认为该机载客量太小，于是带领团队开始设

计生产 32 座客机。

该机机翼以"惠灵顿"轰炸机为基础，但是加入了承力蒙皮结构。由于该蒙皮具有承载作用，其下结构因此就不很结实。动力采用 4 台涡轮螺旋桨发动机，布置在狭长的发动机舱内。通过这种新型涡轮螺旋桨技术，可以充分发挥涡轮发动机的优良性能与螺旋桨发动机的经济性。

1946 年 3 月，英国的供应部门订购了两架 VC2，安装阿姆斯特朗·西德利·曼巴发动机。另外，供应部门还期望维克斯公司会资助购买第 3 架飞机。此时，该型飞机已经获得维克斯公司的型号代码 609 型，还取了一个非常英国化的名字"总督号"。第 3 架"总督号"飞机选用了 900 马力的罗尔斯·罗伊斯"标枪"RAa.1 涡轮螺旋桨发动机。实际上，"标枪"发动机已经过多次试验，因此爱德华兹决定在这三架"总督号"飞机上全部弃用曼巴发动机，转而采用罗尔斯·罗伊斯发动机，这就是 V.630 飞机。1947 年 8 月印度独立后，飞机名称改为"子爵"。由于这也是一个非常英国化的名称，因此在出口市场上使用也并不理想。

1948 年 7 月 16 日，V.630 首飞，几乎比"阿波罗"飞机早了一年。尽管阿姆斯特朗·惠特沃思飞机受困于层出不穷的发动机问题，但"子爵"飞机却表现优异。更为强劲的 100 马力 RDa.3 发动机出现后，爱德华兹认为飞机设置 32 个座位已经不能满足要求了，而尽管在 1948 年 9 月 22 日，英国欧洲航空公司就购买了"大使"飞机，

规格（V.810 子爵飞机）

类型	中短程客机
尺寸	翼展 28.56 米、机长 26.11 米、机高 8.15 米
装载重量	32 885 千克
动力装置	4 台 1990 马力罗尔斯·罗伊斯标枪 RDa.7 涡轮螺旋桨发动机
连续巡航速度	565 千米 / 时
航程	2832 千米
使用升限	7620 米
机组人员	2
乘客	75

但是，爱德华兹还是对宽体的"子爵"客机感兴趣。所以，第 2 架 V.630 飞机转而进行涡轮螺旋桨发动机测试。1950 年 7 月 27 日，它成为为期一个月的航班运行的首架飞机。

1950 年 8 月 3 日，由于安全可靠、乘客体验良好，英国欧洲航空公司购买了 20 架宽体客机，而 V.700 于 1950 年 8 月 28 日首飞。由于订单取消，第 3 架飞机的很多部件都用在了 V.700 上。最终，英国欧洲航空公司接收了 26 架稍做改动的 53 座 V.701 衍生型飞机，并于 1953 年 4 月 18 日入役。

其后，很多衍生型飞机开始出现，这些飞机载客量更多、载重量更大、航程更远。而标枪发动机一再证明，无论衍生型飞机如何发展，它总能与之同步，胜任相应的任务。而维克斯公司从美国首都航空公司获得了 60 架飞机订单，进而打入了美国市场，意义重大。在最初用户转向购买新飞机、出售子爵飞机时，后者以优越的性能以及良好的用户体验赢得了人们的高度赞赏。

"子爵"飞机共生产了 444 架，当其接近尾声以及最后一架飞机走下生产线很久之后，维克斯公司开始对其进行货运飞机改造，飞机机身得以幸存下来，并一直使用到 20 世纪末。

"子爵"飞机客户

英国中部航空公司是典型的子爵飞机运营商。1966 年，该公司接收了首架"子爵"飞机，而就在两年后飞机停止生产，组装的最后一架飞机交付给了中国民航。英国中部航空在 20 年里，共入役了 20 架飞机，最后一架飞机于 1988 年退役。除了英国欧洲航空公司，"子爵"飞机的其他地方性用户还有法国航空、美国大陆航空、埃及航空、美国西北航空（该公司购买了10 架子爵飞机，本来在破产后打算卖给美国首都航空公司，但后被美国联合航空公司收购），以及新西兰国家航空公司。交付美国首都航空公司的"子爵"飞机用途广泛，该机型定期往返于阿罗哈航空公司的岛屿之间航线并执飞过大陆航线。

德·哈维兰 DH.106 "彗星" 客机（1949）

英国德·哈维兰公司是世界上首家将喷气式飞机技术用于商业飞行的公司。彗星客机的开创性技术改变了客机性能，但是一连串事故使其声誉受损，而英国产客机早期领先美国的优势也荡然无存。

增压四发动机活塞客机达到几近横跨大西洋的航程后，下一步的商业飞行就是利用喷气式飞机技术了。喷气推动可以保证巡航高度提升，不受天气的影响，还可以提供高速、安静以及没有颠簸的行程。鉴于"星座"、DC-6 以及"同温层"等飞机的优良性能，人们似乎都认为，世界上第一架喷气式客机理应出自洛克希德、道格拉斯或者波音的飞机设计团队，但事情出人意料，竟然是英国德·哈维兰公司制造出了第一架喷气式客机。

德·哈维兰公司的成功源于其丰富的经验，它生产了第二次世界大战前的多种轻型飞机、"灯蛾"训练机、多种客机和多数双翼机等，这些经验累积到一起，在 1938 年形成了突破，结果就

是优雅、全木质的"信天翁"飞机。"信天翁"飞机开创的结构形式非同寻常，二战中它被改进成"蚊"式飞机。"蚊"式是一种多用途战机，性能卓越。另外，德·哈维兰公司还扩展产能，生产出了英国第二架实用喷气式战斗机"吸血鬼"。

因此，德·哈维兰公司拥有了基本技术储备，而这也引起布拉巴宗委员会的兴趣，选定德·哈维兰公司为其制造"四型"飞机。在飞机及发动机设计和生产设施方面，德·哈维兰公司成就非凡。1945 年 2 月，在 DH.106 喷气客机获得公司飞行许可之时，"吸血鬼"战斗机已经装载着德·哈维

"彗星"飞机非常简洁，其设计目的就是最大限度提升运营效率以及高速巡航。

机身加长
"彗星"4B 飞机机身加长，其客舱安装约 100 个乘客座位，而 Dan-Air 航空公司改装二手 4B 飞机，座位增加到 119 个。

机舱窗户
"彗星"飞机重新设计后，其机舱窗户和风向探测天线孔皆为椭圆形（"彗星"1 型飞机解体后，之前的方角形状改为了现在的椭圆形）。

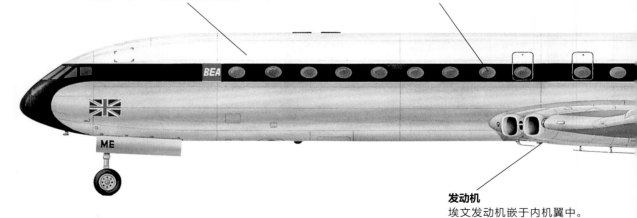

发动机
埃文发动机嵌于内机翼中。每个外发动机都有一个反推系统。

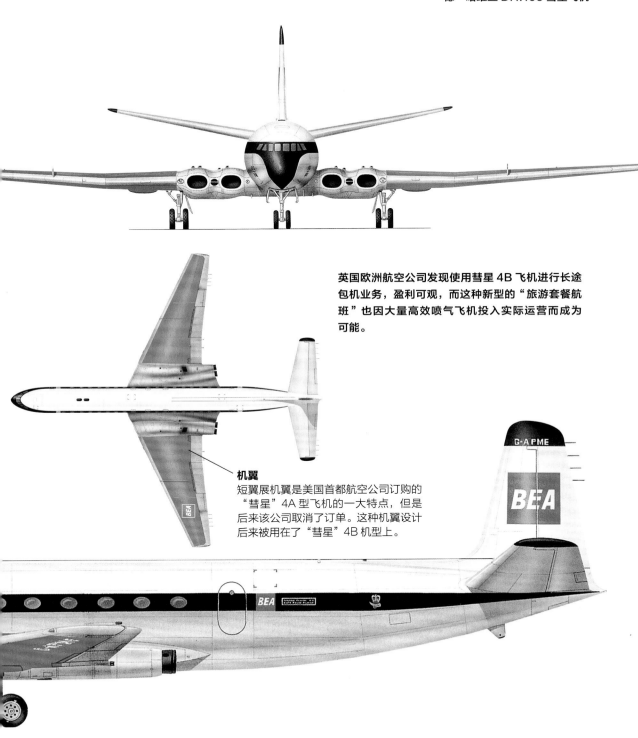

德·哈维兰 DH.106 彗星飞机

英国欧洲航空公司发现使用彗星 4B 飞机进行长途包机业务，盈利可观，而这种新型的"旅游套餐航班"也因大量高效喷气飞机投入实际运营而成为可能。

机翼
短翼展机翼是美国首都航空公司订购的"彗星"4A 型飞机的一大特点，但是后来该公司取消了订单。这种机翼设计后来被用在了"彗星"4B 机型上。

G·APME

BEA

BEA

德·哈维兰 DH.106 彗星飞机

中东航空公司机队中既有"彗星"4B 也有 4C 型飞机。1968 年，以色列袭击贝鲁特国际机场，该公司损失了 3 架"彗星"飞机和两架"快帆"飞机。

兰公司的"小妖精"涡轮喷气发动机起飞了。

设计界定

第二次世界大战后期，双方的战斗机和德国阿拉多 Ar234 轰炸机 / 侦察飞机上已经采用了喷气发动机，但是这些飞机机型相对较小。而且尽管大型喷气式轰炸机已经开始设计研制，但在 20 世纪 40 年后期，喷气式客机的应用前景还不明朗。

英国海外航空公司是"彗星"飞机的第一位用户，但是它们对如何使用这架飞机犹豫不决。该公司曾经犹豫是要采购短程 14 座飞机还是越洋邮政飞机（装有只承载两人的豪华设施）。但是，

德·哈维兰公司推出的更加多样化的飞机方案终于结出了硕果，这是因为越洋直飞航程太远，喷气式发动机正是这些越洋航线渴求的技术。

1946 年 9 月，英国供应部订购了两架原型机，而在第二年 1 月，英国海外航空公司第一个下单购买商用机，不过数量从 20 架降到了 8 架。1947 年 12 月，该架飞机被命名为"彗星"飞机。

德·哈维兰公司设计的机身，技术上非常先进，它最大限度地挖掘了其公司生产的"幽灵"涡轮喷气发动机的技术优势。1949 年 7 月 27 日，"彗星"飞机第一架原型机试飞，而在此之前已经完成了大量的地面和飞行试验台研究。该飞机的设计虽然具有挑战性，但也不是颠覆性的，比如其机翼在机翼前缘大面积延伸，而在尾翼部分却延伸得少，因此总体而言，机翼延伸程度不够。由于该机的发动机深置在一对机翼翼根之间，驾驶舱也是非阶梯结构，所以机首部分没有断开。该机型在制造时广泛使用了回归技术，这是一种将金属进行压焊连接的技术，这是德·哈维兰公司首次大规模应用这种开创性技术。

喷气式发动机动力强劲，相对于搭载活塞发动机的客机而言，喷气式发动机能达到更高飞行高度，因此，"彗星"飞机的机舱压力为其之前型号的 2 倍，飞行高度在 2 349 米时的压力和飞行高度 12 192 米时相近。面对如此高的压力，再加上高速飞行给大型飞机造成的压力，德·哈维兰公司不得不开始进行大量的飞机部件测试以及整机测试。而在机身压力测试中，一大截机身就发生了爆

规格（彗星 4B 飞机）	
类型	中距离喷气式客机
尺寸	翼展 32.87 米、机长 35.97 米、机高 8.69 米
最大起飞重量	73 483 千克
动力装置	4 台 46.80 千牛推力罗尔斯·罗伊斯埃文 Mk524 涡轮喷气式发动机
最大巡航速度	856 千米 / 时
满载航程	5391 千米
使用升限	12 000 米
机组人员	4
乘客	101

炸，由于损毁部位面积太大，根本探测不到问题的根源，而这也是后来一连串问题的开端。

首次亮相

1952 年 5 月 2 日，首架喷气式客机从伦敦飞往约翰内斯堡，该条航线由英国海外航空公司"彗星"1 号 G-ALYP 执飞。乘客很快就被该型飞机所吸引，而其他航空公司，也表现出了浓厚的兴趣，特别是在德·哈维兰公司继续改进该型飞机时。但是 1952 年 10 月 26 日，英国海外航空公司的彗星飞机在罗马起飞时坠毁；而在 1953 年 3 月 3 日，加拿大太平洋航空公司的喷气式飞机在卡拉奇也遭受了坠毁的命运。这两起事故都是飞行员的错误操作所致，他们错误地将活塞发动机客机起飞技术用在了该型喷气式飞机上，但是这也使"彗星"飞机遭遇了安全危机，后来这些问题在培训升级后才得以解决。

1953 年 5 月 2 日，G-ALYP 从加尔各答起飞不久发生解体，事故原因是季风引起的狂暴天气。但是，随后在 1954 年 1 月 10 日，G-ALYP 从罗马起飞后又发生解体事故，造成飞机短暂停飞。机队经过整顿改造后进行复飞，但是从罗马起飞的另一架飞机再度失事，导致"彗星"客机再次停飞，接受全面调查。"彗星"飞机结构问题源于机身上部的方角观测孔，于是德·哈维兰公司被迫对飞机的多处设计进行了改进。

这些改进效果明显，德·哈维兰公司的彗星系列衍生型飞机变得可靠、高效。但是，早期的灾难形象不易消除。1958 年 10 月 4 日，英国海外航空公司第一架"彗星"4s 飞越大西洋上空之时，第一架波音 707 在 22 天后也要上天飞行了。波音飞机更为现代化也更有吸引力了，而德·哈维兰公司和英国在这次商业喷气飞机竞争中失败了。

"彗星"衍生型飞机

德·哈维兰公司出品的"彗星"飞机有多个版本，极大地拓展了飞机航程并增加了载客人数。"彗星"1A 飞机油箱更大，拥有 44 个乘客座位；而"彗星"2 型机身加长，搭载罗尔斯·罗伊斯"埃文"涡轮喷气发动机，而这也成为后续机型的标准配置。第一架"彗星"3 型飞机于 1954 年 7 月 19 日首飞，该机航程 4345 千米、载客 76 名，但是因停飞事件，其销售前景一片黯淡。

德·哈维兰公司凭借其巅峰飞机"彗星"4（下方照片显示的是在 MEA 公司服役的"彗星"4 飞机）重返航空市场。该型飞机有短机身 4A 系列，载客 100 人、航程 5390 千米的 4B 系列，还有远程、载客数量更大的 4C 系列。后来，4A 系列取消，4C 系列为最成功的机型。二手的"彗星"4 系列很受二线航空公司欢迎，而作为 4 系列最大的支持者，英国 Dan-Air 航空公司在 1980 年才退役了其最后一架 4 系列飞机。有意思的是，基于"彗星"飞机制造的"猎人"海军巡逻侦察机在 2011 年才退役。

波音 707（1954）

由于具备制造 B-47 和 B-52 轰炸机的经验，波音公司雄心勃勃，要制造远高于彗星飞机配置的喷气式客机。经过不断革新和改进，波音公司击败康维尔航空公司和道格拉斯航空公司，最终成为了喷气式民航飞机霸主。

在业界提议研发"同温层"喷气式发动机飞机时，波音公司对喷气式民用客机或并没有什么兴趣。当时，波音公司正忙于制造 377 型客机的衍生型 367/KC-97 加油机 / 运输机，还忙着制造先进的后掠翼式的 B-47 喷气轰炸机和 B-52"同温层堡垒"喷气轰炸机。因此，毫不奇怪，波音公司将军用技术用于民航飞机设计，自己出资研发了 367-80 型飞机。

围绕 367 型喷气式客机生产设计进行了 80 次研究后，波音公司才开发出了这款新型运输机，这也是该型飞机命名为 367-80 型的原因。这款飞机一般称为"突进 80"。尽管还保留着 367 型

机身横截面的"双泡"结构，但实际上，"突进 80"却是一款全新的飞机，甚至就连这个"双泡"结构都是覆盖在光滑的外机层之下。波音飞机后掠翼角为 35 度，采用 4 台普惠 JT3 涡轮喷气式发动机，它源于 B-52J57。发动机采用了机翼下方前伸的吊舱设计。1954 年 7 月 15 日，"突进 80"首飞，当时它还没有得到 1 架订单。但是，美国空军早就考虑购买喷气式加油机，于是同年 9 月就下单订购此型飞机，这就是后来的KC-135"同温层"加油机。367-80 的前途虽已确保无虞，但是波音公司还是回归民用飞机市场，希望研发出一种可以与军用飞机类似的商用版本。

下图是厄瓜多尔空运公司的喷气式货机 707-320C，其前身是泛美航空的 707-321B，后来以色列艾塔斯克公司将其改造为货运飞机，交付厄瓜多尔空运公司。

货运舱门
波音 707 货机的左舷前机身部位开有大型货运舱门。

发动机舱
JT3D 涡轮风扇发动机舱前整流罩口径很大，非常醒目。

尾翼
通过加高 707 飞机的尾翼
解决了早期的方向问题。有
些飞机也在机身下方安装了
支柱。

借助波音 707，波音公司创建了喷气式客机样板，这在
后来的基础构造方面基本没有什么变动。即使是后来的
"巨无霸"空客 A380，其本质采用的也是波音 707 的
布局。

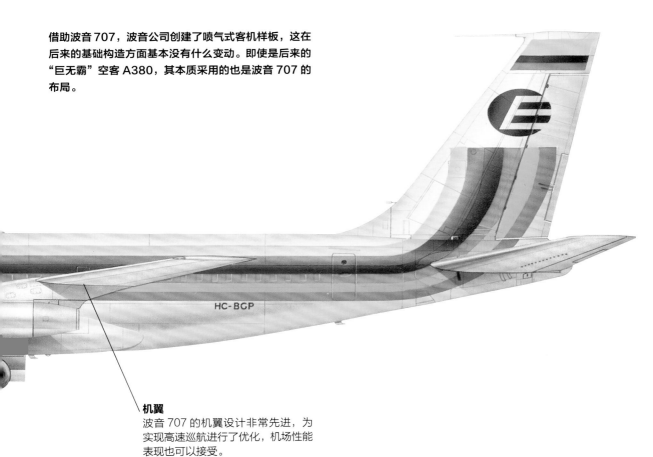

机翼
波音 707 的机翼设计非常先进，为
实现高速巡航进行了优化，机场性能
表现也可以接受。

爱尔兰航空公司是最早开始运营 720 飞机的运营商之一。图中的飞机是早期型号，安装了 JT3C 涡轮喷气式发动机。

当时，道格拉斯公司已生产出了配备 4 台喷气式发动机的客机，航程据说比 367-80 还要远，或可媲美再度复兴的德·哈维兰公司的"彗星"飞机。道格拉斯旗下的飞机航程更远、机体更宽，这对民航客机来说是极具吸引力的特征。由于订单流失到道格拉斯公司那里，于是波音公司转而研发新型宽体飞机，这就是后来的 707；同时，波音公司继续保留 C-135 系列的生产，用作军用加油机和运输机，同时还开始研发 717 型号，保留了最初的狭窄机身的设计。

入役

波音公司重返客机市场的飞机机舱比竞争对手 DC-8 宽 5.08 厘米，考虑到竞争对手起步晚且相对缺少大型、后掠翼喷气式飞机的研制经验，1958 年 10 月，波音 707 客机入役泛美航空，成功首飞，这比 DC-8 的首飞晚了 5 个月。泛美航空订购了 20 架波音和 25 架 DC-8，在英国海外航空公司彗星 4 型飞机服役执飞越大西洋航线后不过几周时间里，泛美航空也开通了类似服务。泛美航空最初订购的波音 707-121 喷气式客机与彗星飞机类似，除非机组人员极度小心驾驶、节省油料，否则 707-121 也无法直接飞越大西洋。

与此同时，动力更为强劲的普惠 JT4A 发动机虽被道格拉斯寄予厚望，希望将之用于 DC-8，以便轻松拥有跨越大西洋航程，但是 DC-8 并没能及时进入服务。后来，DC-8-10 开始执飞跨越北美大陆的航线，这给波音公司带来了喘息的时间，后者趁机生产出了真正的远程飞机——飞越欧美大陆间的波音 707-320 洲际客机。长久以来，航空公司需要的就是这样的喷气式客机。道格拉斯售出了 600 多架 DC-8，而波音公司售出了 900 多架 707。

尽管跨越大西洋航程的目的已经达到，但是提高燃油效率的需求仍然是研发的推动力。在波音公司首次推出机体更大、搭载 189 个座位的洲

规格（波音 707-320B）	
类型	远程喷气式客机
尺寸	翼展 44.42 米、机长 44.35 米、机高 12.93 米
最大起飞重量	148 325 千克
动力装置	4 台 81 千牛推力的普惠涡轮风扇发动机
最大巡航速度	1010 千米/时
满载航程	9915 千米
使用升限	10 973 米
机组人员	4
乘客	单一等级客舱高达 189 人

际客机时，它装备的是 JT4A 发动机，但是后来罗尔斯·罗伊斯携带康威发动机进入市场。这款发动机是侧路冷却涡轮喷气发动机，空气从发动机中间热核心部分的侧面进入，更节省燃油。

英国海外航空公司在其洲际飞机上指定使用康威发动机，这就是 707-400 型客机。虽只制造了 37 架，但仍说明波音公司非常愿意根据顾客的需求改造飞机的衍生型号。针对康威发动机，普惠推出了 JT3C 改进型涡轮喷气式发动机——JT3D，它去除了最初的三级压缩机，安装了宽直径的两级涡轮风扇。后来，多数 707-300 都安装了这种新型涡轮风扇，这就是 707-300B 型；而同样的发动机安装在 707-100 型飞机上，就是 707-100B 型。

波音 707 有多种型号，包括澳洲航空的（Qantas）短机身、远程 707-138、布兰尼夫航空公司类似飞机 707-200，后者安装了 JT4A-3 涡轮喷气式发动机，在其南美航线上展现出了在高温、高空环境中的表现优异。安装涡轮风扇发动机的衍生型包括 707-300C，它有货运飞机和综合性飞机两种型号，而后者属于 707 最终型号，直到 1979 年才停产。

波音720飞机

波音 720 飞机一般被认为是短程 707 的支线飞机版本，但其实前者的航程非常远，长达 8433 千米。尽管如此，波音 720 非常适合支线机场运营，因为那些机场的跑道通常都比较短，而世界上的主要机场都需加长跑道、进行现代化改造，以符合新型喷气式飞机的起降要求。

波音 720 不但机身变短，机翼有所改进，同时还降低了动力。但如果和 707-100 相比，它重量更轻，因而推重比大大提升。波音 720 于 1959 年 11 月 23 日首飞，1960 年 7 月 5 日加入美国联合航空公司服役。720B 即是在波音 720 机身上安装了 JT3D 发动机的衍生机型，此系列的 154 架飞机中有 79 架安装了该发动机，另外还有 10 架改装了此发动机。

波音 720 的性能与 707-100 截然不同，但是由于它们外形相似，也为了避免乘客混淆，美国航空公司将 720 称为 "707 喷气式客机"。美国是波音 720 飞机的主要客户，接收了 25 架，而其他航空公司也购买了少量该型飞机用于区域航线。

法国东南飞机制造公司"快帆"飞机（1955）

美国开创了远距离喷气式飞机的先河，而法国却看到了短程喷气式飞机的潜力。作为一款非常出色的中短途客机，"快帆"为后续的飞机设计树立了标杆。

第二次世界大战后的法国并不缺少航空设计天才，而法国政府也主动资助很多原型机的设计开发，虽然很多并没有投入生产。因此，法国的工业企业非常熟悉最新科技，而且随着喷气推进技术能够切实用于新设计，法国的工业技术也处于领先地位。法国政府民航管理部门法国民航总秘书处（SGACC）提议生产55~65座位喷气式客机，用于短程航线。

作为回应，法国东南飞机制造公司（SNC-ASE）提出生产200型飞机，并给出了一系列设计建议，其中就有X-210飞机，它搭载了三台斯奈克玛公司生产的阿塔尔涡轮喷气式发动机。由于设计相对不成熟，只有27千牛推力，因此阿塔尔发动机很快就被罗尔斯·罗伊斯的埃文发动机替代，后者这款英国发动机的推力有41千牛，因此法国东南飞机制造公司转而采用双发动机布局。

设计特点

由于发动机安装在机身后部的支架杆上，所

这架"快帆"III飞机隶属于意大利航空，后来按照VIN标准改型，转手意大利航空包机业务。1965年，意大利航空拥有21架"快帆"飞机。

彗星机首
"快帆"VI型之前的机身以及驾驶舱部分都与哈维兰彗星飞机相同。

机舱窗户
"快帆"的机舱窗户与众不同，做成了圆角三角形状。

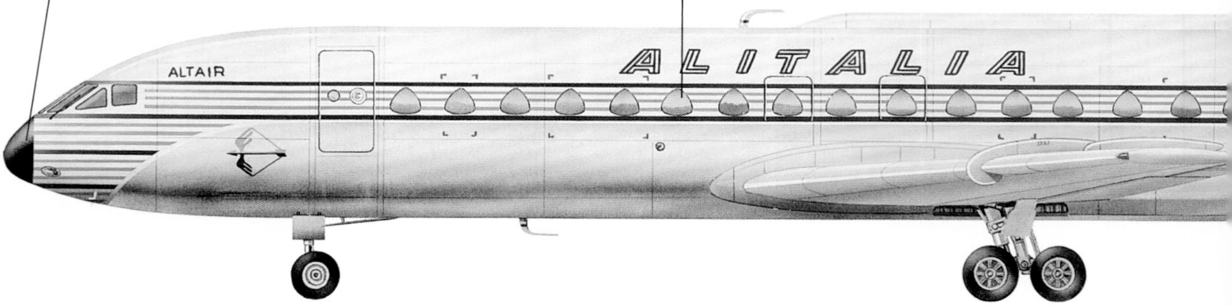

法国东南飞机制造公司的"快帆"飞机

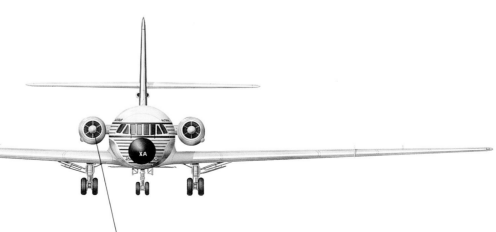

噪声抑制
1960 年 4 月，意大利航空接收 I-DAXA 飞机，即为"快帆"Ⅲ 型。由于该机型上安装的埃文发动机噪声很大，因此在飞机短舱以及排气管上都使用了噪声抑制技术。

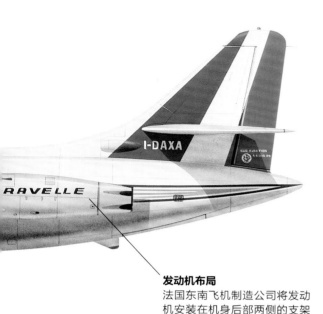

法国东南飞机制造公司决定研发一款短途喷气客机。该决策极具远见，但也非常冒险。当时人们普遍以为，在这种航线上，只有搭载活塞发动机或者涡轮螺旋桨发动机才能实现较高的性价比。

发动机布局
法国东南飞机制造公司将发动机安装在机身后部两侧的支架杆上，而这一设计布局现在仍用在地方喷气式飞机以及商务飞机上。

以维修保养非常方便，而且一旦发生火灾或者其他问题，还可以从机体上安全分离。这一点与彗星飞机不同，后者的发动机是安装在机翼之内的。另外，这种布局方式还可以方便换装其他型号的发动机或者安装动力更为强劲的发动机。

"快帆"飞机机身设计简洁，其前部机身与"彗星"I型飞机完全相同，所以原型机使用了两

快帆地平线飞机也采用 CJ805 发动机，机翼以及水平尾翼发生变化，机舱窗户位置上升。

段"彗星"飞机机身以加快制造进度。该机机翼轻微后掠，由于机翼不再安装发动机，除了每侧一对翼刀有点突出外，机翼线条非常简洁。

X-210 飞机逐渐演进到"快帆"SE210 型飞机。1953 年 7 月，SGACC 签署了订购协议。法国东南飞机制造公司生产了 4 架原型机，两架用于飞行测试，一架进行水箱压力测试，还有一架用于静力测试。1955 年 5 月 27 日，该型飞机首飞。第一架原型机涂装了法航颜色，该公司订购了 12 架飞机，并承诺在 1956 年 2 月 3 日再订购 12 架。

1958 年 4 月，"快帆"获得法国和美国认证，开始了欧洲和北美洲的销售巡航之旅。斯堪的纳维亚航空订购 6 架该型客机，19 架待定；而美国环球航空和美国联合航空只表示感兴趣，却没有任何订单落到实处。1959 年春天开始，"快帆"开始交付法国航空和斯堪的纳维亚航空使用。同年 4 月 26 日，后者开始安排"快帆"执飞哥本哈根和贝鲁特航线。"快帆"飞机最初安装埃文 RA.29/3Mk522 发动机，命名为系列 I 或者快帆

规格（快帆 III）	
类型	中短程喷气式客机
尺寸	翼展 34.30 米、机长 32.01 米、机高 8.72 米
最大起飞重量	46 000 千克
动力装置	2 台 51 千牛推力的罗尔斯·罗伊斯埃文 RA.29/3Mk527 涡轮风扇发动机
最大巡航速度	805 千米 / 时
满载航程	1845 千米
使用升限	12 000 米
机组人员	3
乘客	65

I 型。另外，阿尔及利亚航空和瓦力格（VARIG）航空也订购了少量"快帆"飞机。其后续型号"快帆"IA 采用了埃文 Mk522A 发动机，相对数量较少。Mk527 发动机推力达到 51 千牛，借助该款发动机，东南公司推出了改进型"快帆"III。（此时，法国国营西南飞机制造公司和法国国营东南飞机制造公司已经合并，改称法国东南飞机制造公司。）

"快帆"改进型

1959 年 12 月，"快帆"III 型首飞，同时，航空公司也对升级的 I 型和 IA 型感兴趣。为了从美国获取订单，东南飞机制造公司在"快帆"III 上改为搭载通用电气公司的 CJ805-23C 涡轮风扇发动机，与道格拉斯公司签订销售和售后支持合同。全球航空公司（TWA）最初订购 20 架新款"快帆"III 飞机，但是随着道格拉斯公司决定废弃与东南飞机制造公司签署的协议，转而研发自己的 DC-9，全球航空公司也取消了"快帆"订单。

尽管如此，东南飞机制造公司还是继续采用通用 CJ805 发动机生产了宽体"快帆"10A 地平线飞机，但这款飞机销售惨淡；而采用普惠 JT8D 发动机的"快帆"10B 型飞机，即著名的

"超级 B"或者"超级快帆"，却取得了巨大成功。与此同时，埃文发动机的研发工作并未停止。"快帆"VI 型安装了 Mk532R 发动机，还改变了机体前部布局，加大了驾驶舱面积。

颇具讽刺意味的是，正是搭载 Mk533 发动机的 VIR 飞机最终敲开了美国市场。美国联合航空购买了 20 架该型飞机，全部改装成 64 座，并于 1961 年 6 月交付使用。"快帆"VIR 安装了反推力装置，而美国联合航空的其他"快帆"飞机仅仅装备了噪声抑制系统，又命名为"快帆"VIN。美国联合航空公司的"快帆"飞机一直服役到 1970 年，南美洲的一些航空公司也使用了这种机型。

"快帆"飞机的最终版本是"超级 B 主题"系列衍生型。"快帆"10B1.R 变更了 VI 型机体，安装了 JT8D 发动机，而"快帆"11R 是基于 10 型改装成的客货混合运输的机型。"快帆"12 或许是最终型号，前后机翼延伸，采用具备 67.50 千牛推力的 JT8D-9s 发动机。该型飞机只完工 12 架，而"快帆"系列共生产了 280 架。虽然该系列飞机开创了航空运输新纪元，但是和美国后来生产的飞机相比，其销售业绩却不尽人意。

"超级快帆"F-BTDA 具备典型的"快帆"系列特色，一线服务一结束，马上就找到了新用途。法国国内的航空公司在欧洲内部航空拓展了该型飞机用途，在"超级快帆"飞机上安装了 128 个座位，并出租了旗下的最后 5 架"快帆"12 型飞机。在欧洲，"快帆"飞机的用户还包括意大利航空、斯特林航空、比尔拉航空以及西班牙航空，而非洲航空和刚果航空也是"快帆"飞机的客户。

福克F27"友谊"和F50（1955）

福克着手研发了DC-3后继机型，这就是福克27友谊，而与多数想替代道格拉斯轻型飞机的制造商相比，福克也更为成功，它说服了支线航空公司放弃活塞发动机。后来，F27进行了现代化改造，换装发动机后型号改为F50。

福克公司在其商务飞机落后于美国最新发展水平后，就组装并分销了道格拉斯DC-2，之后又为DC-3欧洲运营商提供技术支持。第二次世界大战结束后，福克公司立即寻求重振其飞机制造业，生产出双涡轮螺旋桨发动机的飞机，目标是用作DC-3/DC-47发动机的替代产品。

1948年，福克公司向波音和康纳戴尔（Canadair）派遣设计师，探讨最新的客机设计，并评估福克公司双涡轮螺旋桨发动机飞机概念的可行性。这段时间是过渡期，一方面是应用广泛而且效果卓越的活塞发动机，而另一方面是未来主流的涡轮发动机。公司还要在螺旋桨发动机和喷气发动机之间做出抉择，是为了寻求效率最大而使用螺旋桨，还是为了追求高速度而使用喷气式发动机。

北美各飞机制造商的重点放在最新式的活塞发动机上，而英国汉德利·佩季公司一直在研制"先驱者"飞机，后者在结构上与福克公司提出的飞机类似，但是采用4台活塞发动机。福克对其动力选择很有自信，但是由于维克斯公司采用类似途径应用在"子爵"飞机上，因此福克公司在转用罗尔斯·罗伊斯"标枪"发动之前，它在阿姆斯特朗·西德利·曼巴发动机上耽搁了一些时间。

最初，福克公司计划其飞机容量为32座位，

这架F-27A型飞机由仙童公司制造，它等同于F27-200。依据福克飞机型号，仙童公司自造了多种衍生型号，还开发出了专门针对美国市场的版本。

"标枪"发动机
通过"标枪"发动机，罗尔斯·罗伊斯成为性能优良和可靠度高的涡桨发动机先驱，从而使各航空公司信服，不再使用活塞发动机。

乘客观光窗口
由于窗户呈椭圆形，并且机翼高，乘客乘坐F27系列飞机时可以看到机外的优美景色。

福克 F27 友谊和 F50 飞机

机翼

机翼从机身顶部进入机舱中心区域，因而顶部空间受限。

休斯西部航空公司将航线扩展到美国西部，在高温、高空的情况下，性能良好的福克 F-27A 飞机特别受欢迎。

但是不久就扩充了座位数量。为了取得最大巡航效能，它将机翼加长，形成大展弦比。该款飞机型号为 P.275，设计中采用了德·哈维兰公司的 Redux 粘接技术。该技术首先广泛用于彗星飞机强化金属结构部件上，其他部分使用玻璃纤维材料。为赶上最新的客机技术，P.275 设计使用加压机舱。

建造友谊号飞机

1955 年 11 月 24 日，P.275 首飞，被称为"福克 27"，后来被命名为"友谊"。福克公司早

规格（F27-200）

类型	双涡轮螺旋桨支线客机
尺寸	翼展 29 米、机长 23.56 米、机高 8.50 米
最大起飞重量	20 412 千克
动力装置	2 台 2280 马力罗尔斯·罗伊斯标枪 Mk536-7R 涡轮螺旋桨发动机
巡航速度	480 千米/时
载客 44 人航程	1926 千米
使用升限	8990 米
机组人员	2
乘客	44

美国西北航空是典型的支线航空公司，运营仙童–海乐共同研发的 FH-227 型飞机。

就讨论通过授权生产协议进军北美市场的潜在可能，并为了讨好北美市场而命名为"仙童"，但是对使用什么发动机还没有确定。由于第一架飞机试飞性能优异，因此 1956 年 4 月 26 日就达成了交易。

与此同时，第二架"友谊"号安装了动力更为强劲的"标枪"511 发动机，其机体也加长了 0.91 米。尽管也有航空公司对涡轮螺旋桨发动机持保留态度，但是"子爵"飞机的成功表现还是消除了这些怀疑，福克公司也开始接到订单。最初的订单来自环澳航空、爱尔兰航空公司以及布拉森航空，但是福克公司的业务仍然增长缓慢。仙童飞机公司进行营销时，飞机更名为 F-27，1958 年获得 16 架订单，其中 8 架来自福克公司自身。

1958 年 9 月 28 日，美国西海岸航空开启了 F-27 飞机的首次商业飞行，12 月，爱尔兰航空也开启了 F-27 飞机执飞的首条航线。随着"友谊"飞机的实用性得到证实，其订单大大增加，福克公司最后不得不将其欧洲生产部件外包。在美国，仙童公司和海乐（Hiller）公司合并，但是 F-27 仍旧继续生产。这种宽体、52 座的 FH-227 型飞机一直生产，直至 1973 年生产线关闭。

友谊型飞机衍生型

面对航程增加的需要，福克公司研发了 F27-200（即 F27Mk200 或友谊 200）型号，可携带燃料增加，并安装了 2020 马力的"标枪"Mk528 涡轮螺旋桨发动机。最初配置即是典型的 F27-100，与此同时，福克公司还继续生产 F27-300 Com 双用途飞机，其设计用途为民用飞机，为货物、乘客混装飞机。F27-400 与之相似，但是动力更强大，而 F27-500 是该系列的最后一种型号，载客 60 人。尽管 FH-227 和 F27-500 都是机体加长型，但是它们却是单独研制并针对不同乘客载重进行了优化。

仙童公司和仙童-海乐公司共生产了 173 架 F27-200 飞机，福克公司还生产了近 600 架 F27 飞机。事实证明，"友谊"飞机正是地区间航空所需的飞机，但是，从 20 世纪 70 年代起，随着"标枪"发动机老化，该型飞机逐渐丧失了竞争优势。"标枪"发动机噪声大，尽管在 20 世纪 80 年代初期开始提供消音设备，但是相较于更为现代化的发动机，它还是没能解决这个问题。F27 换装发动机的计划中途搁浅，而尽管"标枪"Mk551 发动机有所改进，燃油消耗降低 10%，早期发动机也可翻新使用，但是人们还是需要更有效的解决方案。这就是 1985 年出现的 F50 飞机或福克 50 飞机，这款飞机虽外形与"友谊"飞机极为相似，但是在关键地方又截然不同。

福克50

1983 年，在"友谊"飞机服役 25 周年之际，福克公司宣布 F27 后续飞机生产意向。F50 载客 50 人（尽管当时民用飞机的通常座位配置在 46~68 座之间，从其命名采用 F50 可以看出，此款飞机设有 50 个座位），采用普·惠 PW120 涡轮螺旋桨，推动现代化的 6 叶螺旋桨，应用霍尼韦尔电子飞行仪表系统（EFIS）玻璃驾驶舱，还大量使用复合材料，并以小机翼以及使用数量更多的小窗户替换 F27 常用的子爵机舱窗户，这些都是新飞机的主要辨别特征。

1985 年 12 月 28 日，新福克飞机首飞；1987 年 8 月 7 日，首架飞机交付汉莎城市航线公司；其他用户还包括苏丹航空和德国 DLT 航空；后续研发型号包括适合高温、高空的 F50-300，但是加长版 F50-400 飞机停产。F50 飞机生产期间，福克公司陷入了财政危机。1993 年，戴姆勒-奔驰航空公司取得福克公司控制权，前者随后放弃 F50 的生产。1996 年，飞机制造商福克公司停止运营。

道格拉斯 DC-8（1958）

与波音 707 相比，道格拉斯 DC-8 喷气式客机算不上成功。但是资料表明，DC-8 更为结实，并在服役后期赢得了"载客量最大客机"的称号。

最初，道格拉斯公司就已经发现，在不经停飞越大西洋的过程中，波音 367-80 衍生客机机体偏小，但苦于自己也缺乏大型后掠翼喷气式飞机的生产经验，而且没有相应的发动机可用，因此 DC-8 的出现时机就显得有点不合时宜。这些因素综合起来，为波音公司赢得了充足的时间去满足航空公司提出的各种要求，从而将道格拉斯公司抛在了后面。

道格拉斯公司的客机制造优势本来会一直持续到 20 世纪 50 年代，这应该毫无疑问。尽管波音公司和洛克希德公司已经生产出了可以匹敌道格拉斯的飞机，但是道格拉斯的 DC-4、DC-6 和 DC-7 系列的销量仍旧名列前茅。由于迫切希望保持领先地位，1952 年，道格拉斯公司提出了建造"洲际 4"型喷气式发动机飞机的构想，但是由于反响不佳，该计划于 1953 年终止。

1955 年，客机行业开始转而使用喷气式飞机，而此时英国政府宣布已经克服了彗星飞机存在的问题，英国海外航空公司也于 1958 年开始使用彗星 -4 飞机执飞飞越大西洋的航线。泛美航空立即应战，尽管它订购了 20 架波音 707-120 喷气式飞机，但还是将大西洋航线的未来放在了道格拉斯 DC-8 上，因为后者机体更大、动力更强，而道格拉斯也承诺该飞机将能不经停飞越大西洋，可以替代波音 707 飞机。而波音 707 飞机和彗星飞机一样，在飞越大西洋时需要降落加油。

道格拉斯公司计划为 DC-8 安装普惠 JT4A 发动机，预计 1959 年就可交付。该公司公司还计划建造机体更轻的国内航线衍生型飞机。美国联合航空声称，相对于波音 707，道格拉斯的 DC-8 不但客舱更宽，而且造价较低，并以此为原

CargOman 公司只有一架 DC-8-55F 飞机。该型号是 DC-8-55 飞机的货运改进型，它应用了几乎所有动力学技术并改进了发动机。

机首吸气
机首吸气是 DC-8 的显著特征，用于空调系统。

塔门变化
最初，DC-8-55/55F 发动机短舱安装在机翼外缘塔门上。在后续的 60 系列里，塔门完全安装在机翼下方，大大减少了飞行阻力。

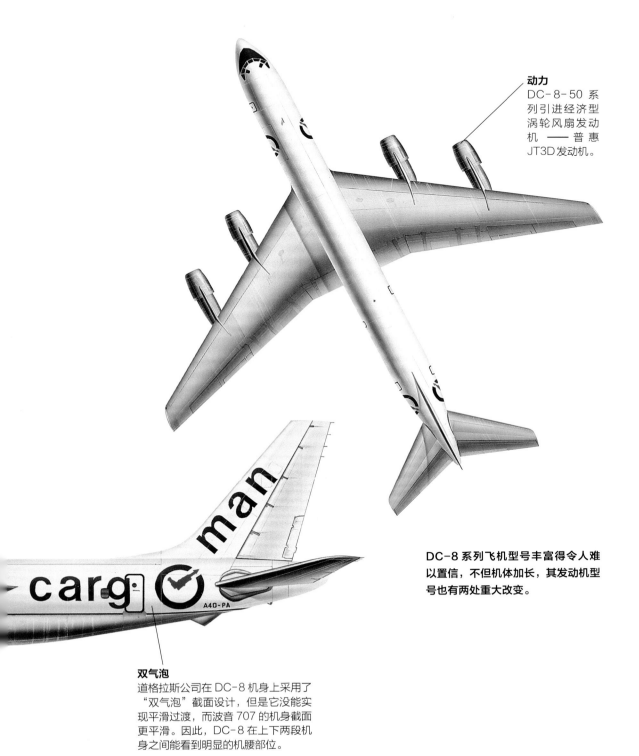

动力
DC-8-50 系列引进经济型涡轮风扇发动机 —— 普惠 JT3D 发动机。

DC-8 系列飞机型号丰富得令人难以置信，不但机体加长，其发动机型号也有两处重大改变。

双气泡
道格拉斯公司在 DC-8 机身上采用了"双气泡"截面设计，但是它没能实现平滑过渡，而波音 707 的机身截面更平滑。因此，DC-8 在上下两段机身之间能看到明显的机腰部位。

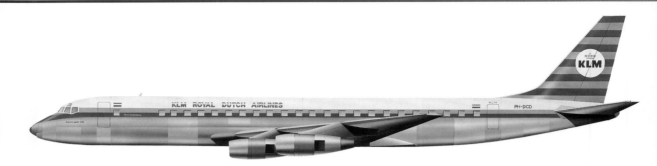

DC-8 系列飞机客户遍及全球，上图中的 DC-8-33 飞机隶属荷兰航空机队。

因让波音公司修改设计。

1958 年 5 月，美国国内航线版 DC-8-10 首飞，尽管其 61 千牛的 JT3 推力发动机与波音 707-120 飞机相似，但是由于前者机体更大，因此动力不足。此型飞机 1959 年 9 月开始服役只售出了 28 架，而此时波音 707-320 已经开始不经停飞越大西洋了。意向生产的 JT4A 发动机可以保证重量增加的 DC-8 通过认证，但是道格拉斯公司在研制动力更大、航程更远的 DC-8-30 之前，先改进了 DC-8-20 并将之用于国内航线。1960 年 4 月，DC-8-30 进行了首次商业飞行。

与波音 707 一样，DC-8-30 起飞时采用喷气方式获取更大动力。所以，它起飞时不但发动机噪声巨大，而且满天浓烟滚滚。与波音 707 一样，DC-8-30 也安装了罗尔斯·罗伊斯康威涡轮喷气式发动机，拥有了更大的动力，但是它并没怎么引起轰动，表现与 DC-9-40 相似。

涡轮风扇发动机革命

波音公司在 707 飞机上安装了普惠 JT3D 涡轮风扇发动机，道格拉斯公司也生产出了安装涡轮风扇发动机的 DC-8-50，改进了此款飞机的性能。后者可以不经停地从美国西海岸直飞伦敦。经过优化空气动力学性能，道格拉斯公司开始以 DC-8-50，后来以 DC-8-55 飞机为基础，制造出了性能更为强劲的 DC-8-55F 飞机，还有 DC-8"交易员"喷气式飞机或 DC-8-54 座位可拆卸飞机。

由于喷气式飞机的地位已经确立，并因乘客数量增加，美国机场不得不应对飞机起降数量增加的难题。而解决方案就是建造机体更大的飞机。因此，道格拉斯公司加大了 DC-8-55，生产出 DC-8-61 "超级 61"、DC-8-62 "超级 62" 以及 DC-8-63 "超级 63" 型飞机。此时的 DC-8 正如日中天，"超级 61" 比 DC-8-55 长 11.48 米，而 "超级 62" 飞机加长后，其座位数量已和波音 707-320 相同，而前者却可携带更多燃料，并改进了发动机进气口以减少阻力。"超级 63" 采用了 DC-8-61 的长机身以及 DC-8-62 的高效机翼，具有无可匹敌的洲际飞行经济性。在当时，"超级 62" 飞机是航程最长的商业运行飞机。

1966 年 3 月，超级 61 飞机首飞；1968 年 6 月，该系列的最后衍生型号"超级 63CF"货运飞机入役。所有"60"系列飞机都销路很好，但是宽体飞机技术已经曙光初现，而现金流危机也迫

规格（DC-8-71 超级 71 飞机）

类型	中 / 远程客机
尺寸	翼展 43.36 米、机长 57.22 米、机高 12.93 米
最大起飞重量	147 415 千克
动力装置	4 台 108 千牛推力 CFM56-2-1C 涡轮风扇发动机
最大速度	965 千米 / 时
最大载客量航程	7485 千米
机组人员	4
乘客	单一等级可达 259 人

使道格拉斯公司与麦克唐纳公司合并。随着销售下降，麦道公司于 1972 年停产了 DC-8 系列。

复兴

故事本来到这里就该结束了。但在 1973 年，第四次中东战争爆发，石油价格飞速上涨，从而导致燃油成本上升，机票价格上涨，航空公司扩张变缓。突然之间，宽体客机的吸引力下降，航空公司转而寻求载客量大、价格低廉的经济型客机，以便能够渡过危机。而 DC-8-60 系列就是当时最好的选择，但是由于已经停产，为数不多的可用二手机的价格也飞快飙升起来。

但 DC-8 有个缺陷，即噪声太大。欧洲新的严格噪声管制条例即将实施，因此"超级 60"系列飞机将只能在美国机场运营。道格拉斯公司找到了有效的解决方案，即换装运用新技术的 CFM56 发动机。该发动机由美国通用电气和法国斯奈克玛公司合资生产，当时正迫切寻求客户。1978 年，该发动机生产商创建卡玛公司，改装"超级 60"客机，换装 CFM 发动机。1986 年该项目结束，共改装 110 架飞机。

这些改装飞机重新命名为"70"系列，是同类中载客量最大的客机。而"超级 72"飞机号称其航程比波音 747SP 还要长，而后者已经过了航程优化。在其后期，DC-8 不但证明适合改换发动机，而且也比波音 707 更易改装以用于货运。DC-8 结构更为合理，适合工程改装，甚至到 2014 年年底，还有一些 DC-8-60 和 DC-8-70 飞机仍旧在进行货运飞行。

乘客膳宿

波音 707 和道格拉斯 DC-8 为乘客膳食服务引入了新标准，座位等级分类成为标准行为。另外，乘坐舒适度也得以提升，DC-8 的乘客座位上安装了阅读灯，还配有扶手和烟灰缸。

霍克·西德利"三叉戟"飞机（1962）

如果不只专注满足一家航空公司需求，德·哈维兰飞机公司很可能借助其第二代中/短途喷气式客机称雄市场。霍克·西德利"三叉戟"飞机就是这种情况：它是一款好飞机，但是市场适应性不佳，因此销量不大。

根据 1956 年 7 月英国欧洲航空公司（BEA）的要求，德·哈维兰公司提出了 119 飞机设计，它是一款中短途喷气式客机，适合在短跑道上起降，载客量可达 100 人。波音公司在设计 727 飞机时，特别注意到了德·哈维兰公司的设计，波音 727 的性能参数和 119 飞机非常相似。但就在美国飞机制造商生产出了既能吸引国内核心市场又能引起国外航空公司兴趣的飞机时，德·哈维兰公司却决定只为英国欧洲航空公司量身制造飞机。

德·哈维兰早期设计概念中本来是采用罗尔斯·罗伊斯埃文涡轮喷气式发动机，但是后来为了满足英国欧洲航空公司的需求以及英国海外航空公司长程客机参数要求，德·哈维兰修改设计，使用相近的机身生产出 DH.120 飞机。这些需求分散而且不相关，根本不可能得以满足，于是 DH.120 又变成了 DH.121 三发喷气式客机。

这款新飞机动力采用罗尔斯·罗伊斯"梅德韦"涡轮风扇发动机，安装在为英国海外航空公司定制的飞机上。德·哈维兰公司联合费尔雷和亨廷公司组建英国飞机制造公司，设计生产 DH.121 飞机。1958 年 2 月，英国政府宣布英国海外航空公司选用 DH.121 飞机。英国欧洲航空公司修订参数，将航程改为 1300 千米短途线路，因而实际上排除了"梅德韦"发动机。因此，罗尔斯·罗伊斯公司取消该款发动机，转而生产 RB.163，其体积更小，

霍克·西德利公司生产了改进型三叉戟 1E，意图吸引国外客户，但是几乎没有什么成效。

"三叉戟"1E-140
最后 5 架"三叉戟"1E 飞机中，有 4 架交由美国西北航空公司运营。所有这 4 架飞机都符合 1E-140 标准，机翼上额外设有 4 个排气口，载客 139 人。

前起落架
"三叉戟"飞机前起落架与众不同，向左弹出，而回收后向右折叠。

更适合参数修改后的各项要求。

　　尽管这款短途客机特别符合英国欧洲航空公司的要求，但是其他国家的航空公司却完全不感兴趣，因为他们所拥有航线的飞行距离普遍更长而且载客更多。实际上，除了英国欧洲航空公司初次订购 24 架、1959 年 8 月又选购 10 架外，德·哈维兰公司完全没有和国外客户商讨出口此型飞机。1960 年 5 月，德·哈维兰公司与航空制造巨头霍克·西德利集团完成合并，英国飞机制造公司解体。在新公司里，德·哈维兰公司继续运营，研发出 DH.121。这是一款极为先进的客机，具有优越的空气动力学性能，机翼整洁，在机翼外缘安装外延增升设备，还装备了可动机翼前缘和上机翼扰流板。另外，该机还安装了分列式副翼用于侧滚控制，用作扰流板。

后掠翼
"三叉戟"飞机机翼航空动力学性能先进，机翼整洁，后掠角度 35°，可与波音 707 媲美。

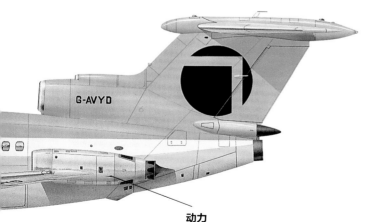

动力
"三叉戟"1E 装备 3 台 RB163-25 斯贝 Mk511-5 发动机，每台可产生 50.70 千牛的推力。

这型飞机被命名为"三叉戟",其航空电子设备非常醒目,因为英国欧洲航空公司要求这款飞机具备完全自动盲降功能。借助三重冗余史密斯飞行控制系统,在保证此款设备安全运行方面,英国欧洲航空公司、德·哈维兰公司、霍克·西德利公司以及史密斯公司做了很多开创性的工作。但是,由于"三叉戟"飞机最多只能载客95人,它的销售前景黯淡。

"三叉戟"测试

该型飞机并没有制造原型机,其首次飞行是

中国民航⊖订购了33架"三叉戟"1E。图中飞机就是中国民航的三叉戟1E飞机。

在1962年1月9日,由交付给英国欧洲航空公司的首架飞机完成。1964年4月1日,该公司开始全面运营喷气式飞机。1966年,在第23架飞机因为深失速失踪后,该型飞机停止交付。深失速问题是困扰早期T型尾翼喷气式飞机高迎角飞行时的难题,此时机翼遮住了升降舵,妨碍机组人员操控变距杆。后来飞机进行改进,防止飞行员进入深失速状态。经过了大量盲降测试后,根据飞行计划,1966年11月4日,第二架三叉戟在能见度为零的情况下,进行了第一次全自动盲降试验。

服役期间,英国欧洲航空升级三叉戟1到1C标准,并换装了动力更大的"斯贝"发动机、增加载油量并可载客109人。但是,"三叉戟"飞机对海外顾客仍旧缺乏吸引力,于是霍克·西德利公司开发出"三叉戟"1E型飞机,它不但载客达到115人,而且动力更为强劲、翼展更宽,带有前缘缝翼,载油量更大且重量增加。

"三叉戟"外销机遇

"三叉戟"1E只从为数不多的客户手中拿到了些许订单。科威特航空首先订购了3架,而伊拉克航空将1E首次投入实际运营。从1966年3月起,巴基斯坦国际航空接收了4架1E。另外,加上还

规格（三叉戟 2E）	
类型	中/远程客机
尺寸	翼展29.87米、机长34.98米、机高8.23米
最大起飞重量	65 318千克
动力装置	3台53.19千牛推力罗尔斯·罗伊斯RB.163-25斯贝Mk512-5W涡轮风扇发动机
巡航速度	974千米/时
航程	3965千米
机组人员	3
乘客	139

⊖ 中国民用航空局曾为部属综合性总局,负责运营管理运输航空和专业航空。

没有卖出的 5 架飞机，这样飞机产量达到了 15 架。而这最后一批中，部分飞机最后加入海峡航空，设有 139 座位，型号改为"三叉戟"1E-140。

1968 年 4 月 18 日，英国欧洲航空接收了 15 架改进型"三叉戟"1E，命名为 2E。其他飞机用于出口，主要客户为中国民航，订购了 33 架。三叉戟最后一款衍生型飞机也是为英国欧洲航空专门定制的。由于载客量降为 180 人并削减了航程，三叉戟 3B 采用 23.20 千牛推力的罗尔斯·罗伊斯 RB.182-86 涡轮喷气式发动机，安装在机身后部，可提升起飞性能或载重量。三叉戟 3B 于 1969 年 12 月 11 日首飞，英国欧洲航空订购了 26 架该型飞机，首架飞机于 1971 年 4 月 1 日入役。

出于市场营销的目的，英国欧洲航空将三叉戟 2S 称作"三叉戟 II"，将三叉戟 3s 称作"三叉戟 III"，而后者一直服役到 1985 年 12 月 31 日。而在中国，三叉戟飞机一直运营到 1995 年。三叉戟飞机共制造了 117 架，与之相比，波音 727 制造了 1832 架。

英国欧洲航空公司的"三叉戟"飞机

尽管由于德·哈维兰公司无条件接受英欧航对飞机运营条件的要求，而扼杀了"三叉戟"飞机的出口潜力，但英欧航迫使德·哈维兰公司满足苛刻的盲降条件，也促使后者在客机安全方面前进了一大步。

换装 43.80 千牛推力的斯贝 Mk505-5F 发动机后，最初的飞机型号变成三叉戟 1C。后来航程拓展，就有了三叉戟 2E，英欧航将用于运营从伦敦到中东的不经停航线。

"三叉戟"3B 是最终型号，它因英欧航的要求做出变更，碰到机翼疲劳难题。但是后来的改进型使用了部分初始标准，确保这款飞机还能服役。

维克斯 VC10（1962）

因为政治原因和目光短浅，性能卓越的 VC10 最终沦为失败者。如果该飞机项目引起了政府和航空公司应有的兴趣，它很可能成为远程飞机波音 707 和道格拉斯 DC-8 的有力竞争对手。

在喷气客机技术方面，1952 年的英国已经居于领先地位，德·哈维兰公司的彗星客机开创了航空运输新纪元。而作为德·哈维兰的竞争对手，维克斯也渴望进入喷气客机市场。维克斯借助其在"勇士"轰炸机上的设计经验，早就开始了喷气式民用飞机的研究工作。尽管英国海外航空公司支持维克斯的研发工作，但在 1956 年，英国供应部宣布，由于该项目太过费钱，因此决定取消。

即使没有曾给德·哈维兰公司重重一击的彗星坠机事件，这个决定也是刹那间将英国在喷气飞机的领先地位拱手让给了美国。但是，不管怎

样，英国海外航空公司都会说，使用布里斯托公司的"不列颠尼亚"涡轮螺旋桨发动机飞机运营的远程航线，实际可能服役到 20 世纪 60 年代中期。但这种说法遭到了维克斯公司管理层的怀疑，而这一点在 1956 年 10 月前者订购波音 707 时候得到了证实。

"子爵"飞机以及机体更大的"先驱"涡轮螺旋桨发动机客机取得了巨大成功，维克斯公司大受鼓舞，但并未停止对喷气式客机的研究，它对"快帆"飞机采用的后置发动机布局也很感兴趣。英国海外航空公司下单订购波音 707 之后仅

英国海外航空公司发现超级 VC10 盈利状况极佳，但是由于各种政治因素，这款飞机在公众眼中却形象不佳。

加长机身
超级 VC10 加深加长，机舱混合等级座位 139 个，如果全部改成经济舱布局，则可载客 163 人。

仅 10 天，又发布了远程飞机参数要求，用于其非洲和澳大利亚航线。这两个地区的机场多是短跑道，而且高温、高海拔。看到波音 727 后，维克斯公司也意识到，采用后置发动机可以保持机翼整洁，从而最大限度地增加升力并优化巡航性能。维克斯为 1100 型设计选用罗尔斯·罗伊斯"康威"发动机，这就是维克斯商业型号 VC10。由于采用了前缘缝翼和大襟翼，在降落和起飞时，

VC10 升力大增。另外，"康威"发动机还提供了杰出的推重比，在飞行过程中，VC10 还有点儿像改装后的飞机。横尾翼高高地安装在大型垂直安定面上，很好地避开了机翼强大的飞行尾流。

人们预期 VC10 的运营成本要比波音 707 更加高昂，因为根据设计要求，前者即使在苛刻环境下也要性能优异。至于德·哈维兰的"三叉戟"，它似乎又一次搬起石头砸了自己的脚，因为其产

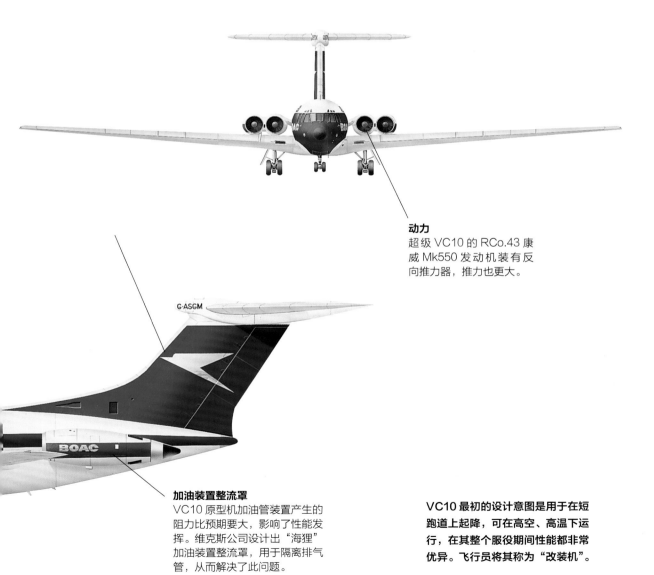

动力
超级 VC10 的 RCo.43 康威 Mk550 发动机装有反向推力器，推力也更大。

加油装置整流罩
VC10 原型机加油管装置产生的阻力比预期要大，影响了性能发挥。维克斯公司设计出"海狸"加油装置整流罩，用于隔离排气管，从而解决了此问题。

VC10 最初的设计意图是用于在短跑道上起降，可在高空、高温下运行，在其整个服役期间性能都非常优异。飞行员将其称为"改装机"。

品太接近执飞国内航班的飞机了。英国海外航空公司首次订购45架VC10，包括35架标准型和10架宽体客机超级VC10。不过，该公司后来更改了需求，只订购了12架标准型和17架超级VC10飞机。

由于财务表现一路下滑，英国海外航空公司减少了VC10飞机订单。虽然订单削减、航线减

起飞时，VC10大提升力外展设备特别醒目。

少，公司却很快复苏。到1964年，公司重新盈利，开始重新扩展航线，并由数量不足的VC10飞机提供服务。由于预期运营成本高企，该公司申请政府补助支持规模不大的VC10机队。

1962年3月29日，VC10首飞，并于1964年4月29日按计划投入运营服务。因性能优异、客舱无噪声，该飞机立即受到乘客欢迎，很快就在非洲航线上崭露头角。同年5月7日，首架超级VC10完成首航，7月22日最后一架标准型飞机交付。超级VC10机体宽达3.90米，载客多达163人，采用动力更强劲的"康威"发动机来保持优良飞行性能，而且载油量更大。

超级VC10飞越大西洋

VC10能够不经停地飞越大西洋。1965年4月1日，它首次进行商业飞行，目的地是纽约。而到当年年底，英国海外航空公司在采购政策上犯了一连串错误。实践证明，与装备"康威"发动机的波音707-400型飞机相比，超级VC10跨越大西洋的航线更受欢迎，而且后者也盈利更为丰厚，这得益于后者装载量更大、易于维修且

规格（超级VC10）

类型	远程客机
尺寸	翼展44.55米、机长52.32米、机高12.04米
最大起飞重量	151 953千克
动力装置	4台100.10千牛推力罗尔斯·罗伊斯RCo.43康威Mk550涡轮风扇发动机
最大速度	935千米/时
满载航程	8690千米
实用升限	11 582米
机组人员	3
乘客	单一等级可达163人

可靠性更高。相对而言，波音飞机却有很多额外的运营费用。而英国海外航空公司却购买了太多的波音707，但只拥有为数不多的VC10。

但是，英国海外航空公司却不愿认可VC10是款卓越的飞机，因为它还渴望继续从政府那里得到补贴，也不愿承认自己在VC10初期研发过程中表现出的拙劣决策能力。由于英国海外航空公司不愿诚实评价VC10，从而大大削弱了该型飞机的出口潜力，超级VC10受影响最大。只有少数VC10生产交付其他运营商，而仅仅有40架VC10用于商业运营。

VC10入役运营

英国海外航空机队中既有标准型号VC10，也有超级VC10，如下图所示。维克斯公司还为加纳航空建造了两架1102标准型飞机，带有货舱门，并装备客货混合机舱，用于客货混合运营；英国联合航空也订购了3架类似的飞机。东非航空购买了5架1154型超级VC10，也是用于客货混合运营。

海湾航空从英国海外航空租借了标准型VC10，在后者机队撤销时还购买了其超级VC10。尽管如此，在英国海外航空与英国欧洲航空合并后，超级VC10仍旧在英国航空服役到1980年。阿曼、卡塔尔以及阿联酋政府运营的是政府版标准型VC10，而在1987年，阿曼政府的VC10飞机退役，这也意味着VC10的民用服务终止了。

另外，VC10还有辉煌的军队服役经历，它曾在英国国皇家空军长期服役。1966年起，英国皇家空军接收了14架混合型标准/超级VC10，后来还加购一些二手的标准和超级VC10飞机，这些飞机后于2013年退役。

美国航空航天运输公司"古比鱼"和"超级古比鱼"飞机（1962）

基于闲置的"同温层"飞机和C-97机身，美国航空航天公司创建了卓越的货运飞机系列。"古比鱼"飞机成为美国国家航空航天局（NASA）和空客公司的顶梁柱，而时至今日，"古比鱼201"仍在支撑航天项目的发展。

不合常理的要求有时也会通过极端的方式解决，而美国航空航天公司"古比鱼"系列飞机就是航空史上最为极端的典型。美国国家航空航天局成立于1958年。而成立之初，它就迫切需要将土星和阿波罗火箭项目的巨大配件从制造地运往测试发射场。比如，巨大的设备在加利福尼亚制造完毕，通过驳船经巴拿马运河运至美国佛罗里达州卡纳维拉尔角，这不但增加了运输成本，还耗费时间，而且存在海上受损的风险。

飞机销售员李·曼斯道夫和美国前空军飞行员约翰·杰克·康罗伊此时发现，刚刚退出航班服务的波音"同温层"飞机可以用于运输特大型物品，能够空运美国国家航空航天局的超大货物。英国海外航空、泛美航空和美国西北航空的"同温层"飞机退役时，曼斯道夫曾出资买下；康罗伊则制订了初步计划，对"同温层"飞机进行货运改装。

但是，美国国家航空航天局对康罗伊的计划不感兴趣，也不提供资金支持。于是，康罗伊和曼斯道夫合作筹集到足够多的资金，成立美国航空航天运输公司，并开始私有化进程。该公司利用美国国家航空航天局的风洞设施建成B337G，

铰链
前部机身铰接在飞机左舷方便载货，该部分在铰链上运动。铰链平滑地安装在机身左侧。

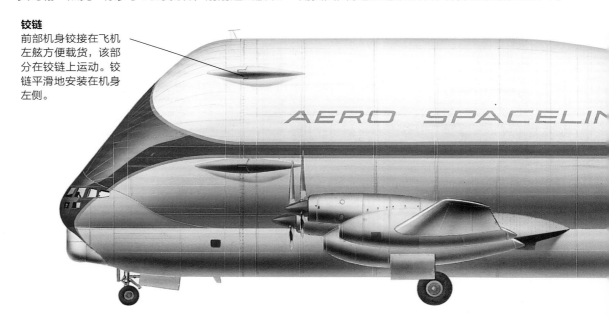

在初始设计图公布后，NASA 代表便将之称为"大腹古比鱼"。它借用了泛美航空公司退役的"同温层"飞机的机翼、发动机、尾翼和驾驶舱，还有英国海外航空退役的"同温层"飞机 5.08 米机身插段，组合成一个新的上层机身部位，内径达 6.02 米。机舱后部以及尾翼在直接装载货物时可以拆卸。

1962 年 9 月 19 日，该架飞机首飞，性能与标准"同温层"飞机高度相似，只不过因为上层飞机阻力加大，速度降低了 8 千米 / 小时。此时，NASA 对其表现出兴趣，在获颁证书后，从 1963 年夏天起，美国航空航天公司便开始获得短期支持合同。受此鼓舞，该公司购买了 25 架"同温层"飞机外加 C-97 飞机机身，开始准备下一

机翼
超级古比鱼翼展因中部增加新机段，长度增加了 4.60 米。机翼上也安装了 T34 涡轮螺旋桨发动机。

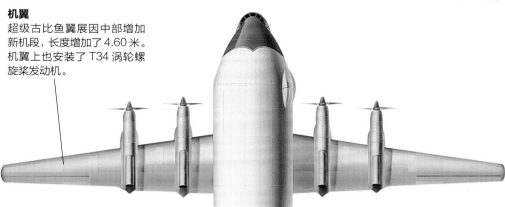

超大型机身
尽管也有很多飞机有效载重超过古比鱼飞机，但是它们都不能媲美后者的机舱容积，其容积达到 1410 立方米。

尾翼
尾翼替换部分是专为超级古比鱼设计，带有尾部平顶机翼以及修正的横尾翼。

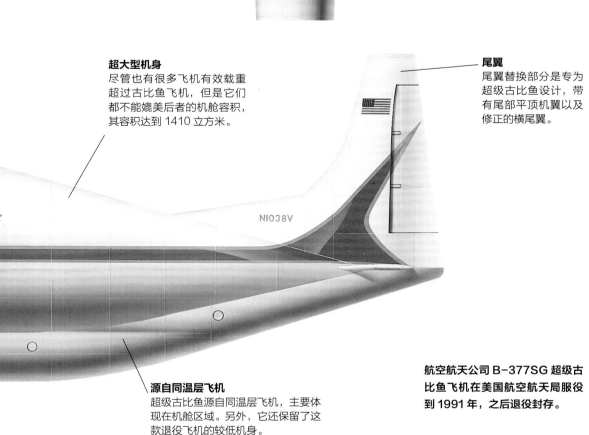

源自同温层飞机
超级古比鱼源自同温层飞机，主要体现在机舱区域。另外，它还保留了这款退役飞机的较低机身。

航空航天公司 B-377SG 超级古比鱼飞机在美国航空航天局服役到 1991 年，之后退役封存。

步改装。

超级古比鱼

"古比鱼"服役后，NASA 很快又意识到还需要更大型的飞机，于是美国航空航天公司建造了第二架飞机，翼展增加 4.57 米，达到 9.40 米，内径达 7.77 米；前机身装有铰链，方便装载。该机基于 YC-97J 涡轮螺旋桨发动机研发机身，但

规格（B377SG 超级古比鱼）	
类型	超大型货运飞机
尺寸	翼展 47.63 米、机长 43.80 米、机高 14.78 米
装载重量	77 111 千克
动力装置	4 台 6900 马力普惠 T34-PI-WA 涡轮螺旋桨发动机
最大速度	565 千米 / 时
航程	3211 千米
实用升限	7620 米
机组人员	3-4

前部宽大机身铰接在左舷上，古比鱼 201 装载空客部件。

保留了普惠 T34 发动机。

B377SG 被称作"超级古比鱼"，也就是著名的"大腹古比鱼"，于 1965 年 8 月 31 日首飞。作为唯一能够载运土星五号第三节火箭的飞机，NASA 签署合同购买第二架"大腹古比鱼"飞机，由收购了美国航空航天公司的卓绝公司建造。1978 年，美国航空航天局购买了 B377SG，将其部署在得克萨斯州休斯敦约翰逊航天中心，用于航天飞机的支持保障工作。

迷你古比鱼

美国航空航天公司继续在其超大型飞机的基础上进行理论研究，考虑以 B-52 为基础建造巨型"古比鱼"飞机和"珍奇"航天飞机运输机，采用 B-52 双体机身和一个平直翼。这两种方案最后都没有付诸实施。但是从中可以发现，NASA 航空航天局似乎需要稍微小型化的一些货物运输机。于是，美国国际航空航天公司重新将目光转向"同温层"飞机。它从泛美航空购买了一架退役的同温层飞机进行改装，利用英国海外航空公司和美国西北航空公司的配件，制造出了B377MG"迷你古比鱼"。

1967年5月21日，新飞机首飞，其机身比"超级古比鱼"短3米，内径为4.70米，并且再次安装了翼尾。而国际航空航天公司希望生产"古比鱼101"版本，采用艾莉森501-D22C涡轮螺旋桨发动机，替代B337MG上的普惠R-4360"大黄蜂"发动机。1970年，搭载艾莉森发动机的飞机首飞，但是当年5月份就发生了坠毁事故。从此之后，"大腹古比鱼"和"迷你古比鱼"飞机系列都出售给了美国喷气航空工业公司。

CL-44-0

除了康罗伊CL-44-0"古比鱼"飞机，所有其他"古比鱼"飞机都是基于"同温层"飞机研制的。加拿大航空CL-44号运输机依托布里斯托公司的"不列颠尼亚"飞机，后来康罗伊购进了一架CL-44DX货机，拆掉上层机身，换上新的超大机身。这架改装飞机保留了原机的驾驶舱部分和尾翼，而宽大货舱采用了增压结构。

1969年11月26日，改装飞机首飞，用在洛克希德L-1011"三星"飞机制造项目中，"三星"飞机安装了罗尔斯·罗伊斯RB.211发动机和短机身，可以从英国飞到加利福尼亚。后来该飞机又几次转手，最后在2006年因为不符合管制条例而停飞。

"古比鱼"201

"古比鱼"系列中，"古比鱼"201是其最后一款，也是搭载量最大的一款。它受法国南方飞机制造公司委托建造，用于其空运网络。最初建造的两架此款飞机，采用KC-97机身，结构上与"超级古比鱼"相似，但是安装了洛克希德P-3A猎户座飞机用的艾莉森501发动机。1970年8月24日，"古比鱼"201首飞，随着空客公司扩展运营，后又加购两架。在空客公司购买设计权后，最后两架"古比鱼"201由法国联合航空运输公司制造，分别于1982年和1983年首飞。

随着空客公司产品范围逐渐拓展，这4架飞机尽心尽力地服务公司，直到1996年10月退役。空客公司换用了"大白鲸"超级运输机。现在仍有1架"古比鱼"201在用，服务于NASA的太空项目。

NASA的"古比鱼"201飞机

美国航空航天局"古比鱼"201原是为空客公司制造的第四架"古比鱼"飞机，现驻扎在美国休斯敦艾灵顿·菲尔德机场，直接归约翰逊航天中心使用。由于找不到"同温层"飞机/C-97的零件，法国联合航空运输公司利用"大腹古比鱼"飞机的零件制造了"古比鱼"201。

波音 727（1963）

在准备建造中短途喷气客机之时，波音公司仍旧继续研发远程喷气式飞机并投以巨资，因此就有了三发动机喷气式飞机 727。它一出现就横扫其他飞机，波音公司因而在新兴市场中取得了霸主地位。

在研发波音 707 型的国内版本波音 720 时，波音公司就发现，因为美国国内的机场普遍较小，所以该款飞机并不适合在美国机场运营；而此时，运营在这些机场的老一代飞机有星座飞机和 DC-6，新一代飞机有康维尔 CV-240 和洛克希德 L-188 伊莱克特拉。这些飞机购买价格不高、运营成本低廉，只是航速不高。法国南方飞机公司的"快帆"喷气式客机本是不错的选择，但是机体太小，不符合美国的需求。于是，德·哈维兰"三叉戟"飞机应运而生，虽然这款飞机首飞后并不理想，但是它看起来似乎能够抓住高载量中短途喷气式飞机的市场。

德·哈维兰公司在三叉戟飞机上采用后置

三喷气发动机布局，采用大功率、低油耗的普惠 JT8D 涡轮风扇发动机，所以波音公司也采用类似布局，新款飞机机翼整洁，不再安装发动机，从而更易优化以满足性能需求。1956 年 2 月，波音公司开始研制波音 727 型飞机，它将会满足多重要求，比如高速巡航、削减座位里程成本等。

高速巡航要求采用后掠机翼，机翼尽可能整洁、无外挂物，但是由于需要在小型机场飞行，机场跑道短，还可能处于高温、高海拔的状况，因而只有提供最大升力的机翼才能满足这种条件的要求。于是，波音工程师们非常智慧地满足了这些要求，研制出了一款先进机翼，机翼后缘上安装有增升襟翼，在整个前缘机翼上安装有混合

传承机身
波音 727 采用 707 的上层机身设计，简化了生产。

葡萄牙航空运输公司（TAP）既有波音 727-100 型号，也有 727-200 型，CS-TBW 就属于后者。

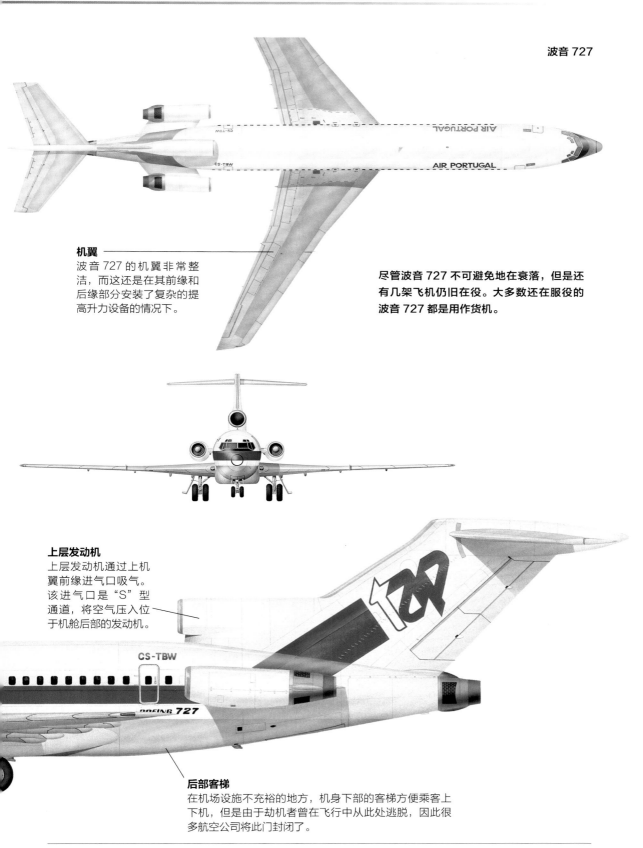

机翼
波音 727 的机翼非常整洁，而这还是在其前缘和后缘部分安装了复杂的提高升力设备的情况下。

尽管波音 727 不可避免地在衰落，但是还有几架飞机仍旧在役。大多数还在服役的波音 727 都是用作货机。

上层发动机
上层发动机通过上机翼前缘进气口吸气。该进气口是"S"型通道，将空气压入位于机舱后部的发动机。

后部客梯
在机场设施不充裕的地方，机身下部的客梯方便乘客上下机，但是由于劫机者曾在飞行中从此处逃脱，因此很多航空公司将此门封闭了。

缝翼和前缘机翼襟翼。侧滚控制由副翼控制，并由8个一组的扰流器强化，而每个机翼上表层都装有一组扰流器。这些设施还用作空气制动器和阻升器，因此机翼得到优化，提升了短距起飞、短距降落以及高速巡航等性能。

波音公司的另一妙招就是采用了波音707上

美国航空最初将其旗下波音727-100型飞机安排在"空中喷气机"名下运营，该名称源自波音707"空中喷气机"之名，用于波音720系列飞机。

层机身，从而加快了设计速度、采用了标准化驾驶舱，并节省了模具加工费用。由于机舱相对较宽大，因此波音727可以并排设置6个乘客座位，而这在之前只有远程跨洲喷气客机才能做到。

对于那些在设施欠佳的机场运营的航空公司来说，尤为重要的是波音727的飞行部门应该在最低保障下运行。因此，波音公司在前客舱门安装集成客梯，并在机尾下方安装伸缩客梯；增加了辅助动力单元（APU）用于起动发动机，并用于发电以及在发动机起动前为客舱空调提供动力。并且，波音727的起落架和机翼非常结实，可以支撑重载下的多次降落，因此可以在出发地装满燃油，然后多次停靠而无须加油。这些特性不但方便了在严酷条件下飞行，而且可以支持快速卸货，从而实现利润最大化。

三喷气发动机"凯旋号"

1960年4月，在得到美国东部航空公司和美国联合航空公司的订单承诺后，波音公司开始建造波音727。同年12月5日，美国东部航空公司最终签署了40架订单、美国联合航空公司签署

规格（波音727-200）	
类型	中短途客机
尺寸	翼展32.92米、机长46.69米、机高10.36米
最大起飞重量	95 027千克
动力装置	3台64.50千牛推力普惠JT8D-9A涡轮风扇发动机
最大巡航速度	964千米/时
满载航程	4392千米
使用升限	15 240米
机组人员	3
乘客	单一等级可达189人

了 20 架订单，另外 20 架待定，这让波音公司终于松了一口气。1963 年 2 月 9 日，波音 727 从波音公司华盛顿州兰顿工厂起飞，开始了首飞处女航。此次飞行持续了两个小时，降落在佩因机场，正式开始了项目测试工作。

测试成功后，波音 727 的订单持续增加，而美国联邦航空管理局（FAA）也于 1963 年 12 月授予 727-100 批准证书。波音 727 的营销之旅由此开启，在各种飞行条件下均表现抢眼，而它也在卡拉奇"偶遇"了竞争对手三叉戟。全日空和日本航空虽然对三叉戟飞机印象颇佳，但是其所需大载客量衍生型飞机要至少等到 1966 年。它们通过波音 727 营销之旅看到了其卓越表现，发现波音 727 能够从大阪的短跑道上起飞，而且是在 35℃ 的温度下全重起飞，而三叉戟飞机却载重受限。因此，这两家航空公司都订购了波音 727。

在此期间，东部航空于 1964 年 2 月、汉莎航空于同年 4 月已经开始了波音 727 运营服务，波音公司也同时在研发客货两用型 727-100C。由于 727 可以在两个小时内从全货机结构轻松转换成全客机形式，这对夜晚运货、日间运客的航空公司而言，无疑这是一款非常理想的飞机。随着订单激增，波音 727 成为用途最广的商业喷气式飞机，但是接下来还会有更好的飞机。

1967 年 11 月，波音公司宽体飞机 727-200 获得联邦航空管理局批准。该款飞机动力更强、载客达到 189 人，而 727-100 载客量只有 131 人。后来该机升级改进，成为 727-200 先进型。借助这款先进型飞机，波音公司的市场优势一直延续到 20 世纪 80 年代，而那时，航空公司都开始将其三发喷气式客机换成了 727 的继任者波音 757。

机翼前方 3.05 米的机身插件彻底提升了当时广受欢迎的波音 727 的载客能力。该机因重量增加而做了强化，采用标准的 JT8D-9 发动机，但是客户也会指定安装动力更强的 JT-11 或 JT-15 发动机。先进型重量再次增加，还号称增加了航程，从而保证在波音公司提供替换飞机前，这款飞机能够一直可用。波音 727 系列一共生产了 1832 架，最后一架飞机是 727-200F 型号，于 1984 年进入联邦快递服役。这些飞机都是在波音公司兰顿工厂生产的。下图是在生产线上的 727-200 飞机。

步入现代

    随着波音公司和道格拉斯公司建造出中长程喷气式飞机，在短途以及支线航空方面，类似服务标准的竞争就开始了。在这方面欧洲处于领先地位，法国东南飞机制造公司的"快帆"飞机设立了短途喷气式飞机标准，而英国飞机公司借助 BAC1-11 飞机占据优势。但是，道格拉斯公司制造了 DC9，这个划时代的典范之作，它要占领市场的计划雄心勃勃，却最后毁掉了公司。波音公司是短途客机的后来者，波音 737 现在仍在生产，还在进行重大升级，其所取得的巨大成功只有空客公司及其 A320 系列可以媲美。20 世纪60 年代中期，喷气式发动机的技术已经非常成熟，因此宽体喷气式客机可以升级，而波音 747 就是代表之一，近年来其载客量才受到空客公司 A380系列的挑战。超声速客机来了又去，而新型飞机和小载客量的区域飞机也开始登上航空史的舞台。

上图：波音 767 是中长程宽体飞机的代表，也是此系列飞机设计的集大成者。基于波音 767-200，波音公司提供的767 飞机有多种选择，可以选择发动机、多种载重，还有机体加长型号用于增加载客量。

BAC 1-11（1963）

BAC 1-11 是一款出色的短程喷气客机，尽管它已闯入美国市场，但还需努力获得订单。BAC 1-11 面临道格拉斯 DC-9 和波音 737 的有力竞争，最终英国制造商并不能和美国的飞机制造商相抗衡。

在两次世界大战期间，英国波西瓦尔公司制造了许多成功的轻型飞机。第二次世界大战期间，它将这些经验用于飞机生产，制造了 1000 多架训练和联络飞机。1944 年，它并入亨廷集团（Hunting Group），继续以亨廷·波西瓦尔的名称运营，生产波西瓦尔"王子"飞机——一款小型活塞发动机飞机。1957 年，波西瓦尔的名字被放弃，飞机设计和生产继续以亨廷公司的名字进行。长期以来，随着发动机技术的发展，亨廷集团一直都在考虑小型喷气动力客机的可能性，考

虑采用涡轮风扇发动机。1960 年 9 月，在英国宇航公司（BAC）的控制下，在之前所有喷气式客机都没成功的情况下，亨廷的小型喷气式客机终于出现了，尽管它是采用了其 48 座机 H.107 的概念，飞机加大变成了 65 座的 BAC 1-11，搭载的是罗尔斯·罗伊斯"斯贝"涡轮风扇发动机。1961 年 5 月，英国联合航空（BUA）订购了该

德国巴伐利亚航空公司购买了 BAC 1-11 4 架 400 系列飞机用于执飞假日航班。

机身长度
BAC 1-11 只有 500 系列机身加长，其他所有衍生型飞机都还保留 200 系列的原始机长。

机组
BAC 1-11 是第一个设计的双机组操作的客机之一。

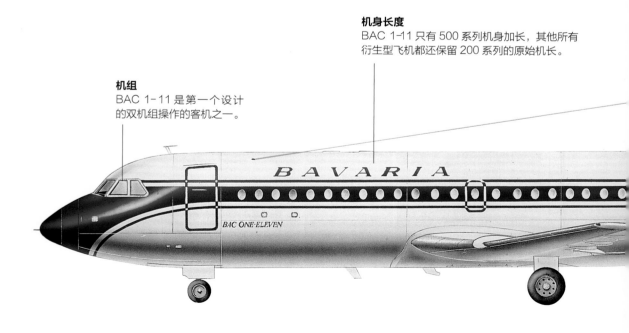

飞机，标志着这是第一款从独立航空公司订购的英国客机。

英国宇航公司坚持将发动机安装在飞机后部，以便在机场周围和巡航时获取最大的空气动力效应。它采用 T 型尾翼外形，而且起落架很短，只有 1 米多长，因此装卸行李非常方便。机上辅助动力装置（APU）可以不使用机场服务设施而采用单点压力加油，还采用了在后机身下部安装一体登机梯以及机身前部乘客门选装登机梯的配置，这些都缩短了飞机转场时间。

但是，这些优点还不足以让英国欧洲航空公司动心，它可是铁了心地要发展三叉戟飞机。BAC 1-11 的新客机采用最初造型，命名为 200 系列，于 1963 年 8 月 20 日首飞。同年 10 月 22 日，200 系列发生了和倒数第二架三叉戟飞机 1 系相似的严重失速事故，但是英国宇航公司危

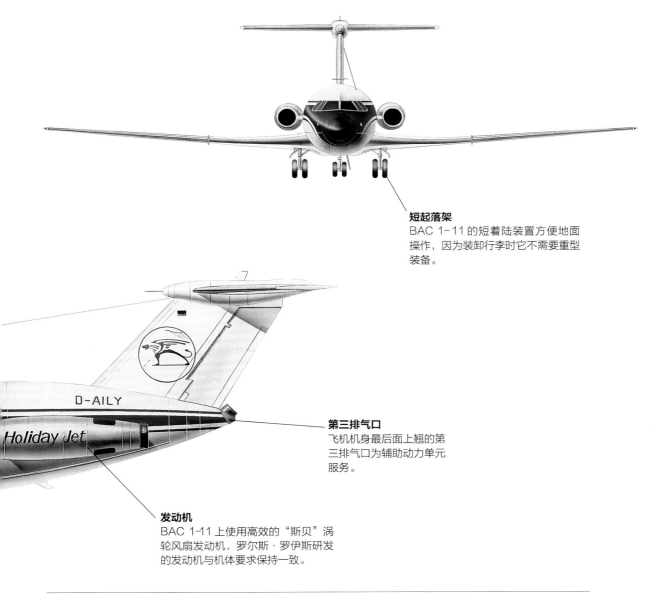

短起落架
BAC 1-11 的短着陆装置方便地面操作，因为装卸行李时它不需要重型装备。

第三排气口
飞机机身最后面上翘的第三排气口为辅助动力单元服务。

发动机
BAC 1-11 上使用高效的"斯贝"涡轮风扇发动机，罗尔斯·罗伊斯研发的发动机与机体要求保持一致。

机处理得当，并未影响飞机销售。1965 年 9 月，BAC 1-11 的 200 系入役英国联合航空，后续客户带来了 56 架的订单量。

为罗马尼亚航空股份有限公司建立的生产线，它交付了 9 架 516RC 系列飞机，从而 BAC 1-11 飞机数量达到 245 架。

研发BAC1-11系列

紧接着是 9 架 300 系列飞机，它们动力更强劲，载油量更大。而 400 系列的各型飞机基本类似，但是它符合美国空管规定，通过加强重量限制和稍微更改操控动作来规范双机组操作。英国宇航公司有个重量级的竞争对手，那就是道格拉斯公司及其 DC-9，这在美国市场表现得尤其明显。但是不管怎么说，它还是向美国航空公司推销了 30 架 400 系列飞机，而该型共生产了 69 架。另外，它也向布兰尼夫国际航空、摩霍克航空和阿罗哈航空公司销售 BAC 1-11 飞机。

在英国欧洲航空公司宣布需要维克斯"子爵"飞机的替代品时，英国宇航公司提供了 BAC 1-11 的 500 系列。该系飞机具有更宽的翼展和更大的动力。1968 年 2 月 17 日，该型飞机首飞，英国航空公司对之印象深刻，购买了 18 架，而当时该型共生产了 89 架。500 系列衍生型 475 系

规格（1-11 500 系列）	
类型	短程客机
尺寸	翼展 28.50 米、机长 29.67 米、机高 7.47 米
最大起飞重量	47 400 千克
动力装置	2 台 55.60 千牛推力罗尔斯·罗伊斯斯贝 Mk512DW 涡轮风扇发动机
最大巡航速度	871 千米／时
最大巡航	3484 千米
最大巡航高度	10 670 米
机组人员	2
乘客	单一等级可达 119 人

列使用前者的机翼和动力装置，结合了 400 系列的短机身，从而生产出了更适于在高温、高海拔环境中飞行的飞机。事实上，475 系列并不仅仅是 BAC 1-11 飞机高温、高海拔型号的改进版，因为它还能免受落在机身上的碎片的损害，非常适合用作福塞特航空公司的半成品飞机部件，而全部 9 架该型飞机都归这家秘鲁航空公司所有。

BAC 1-11 飞机之后又改进了 5 次，但都没能投入生产。在英国海外航空公司和英国欧洲航空公司合并组成英国航空（BA）之后，需要一款新型短程喷气机。英国宇航公司起初提供了 600 系列，它装备了"斯贝"发动机，能够产生 81 千牛的动力，但是最终提供的型号没有如此强劲的

动力。英国航空公司似乎已经接受了英国海外航空公司的策略，选择了波音 737-200。

在 670 原型机基础上，600 系列飞机改进了前者的大升程机翼，这是为替代日本 NAMC YS-11 双涡轮螺旋桨飞机而研发的，但是并没有客户购买。后来，英国航空公司又放弃了 700 系列，这是第二款装备了 81 千牛"斯贝"发动机的 BAC 1-11 飞机。相同的设计也用在了扩展机型上，但是同样没有成功。800 系列是另一款扩展型号的飞机，其翼展更大、机体更宽，采用 CFM56 发动机，这就是 1976 年生产的 X-11。1977 年，霍克·西德利和英国航空公司联合，英国宇航公司放弃了 X-11 飞机，决定加入空客工业公司。

英国航空公司

英国航空公司并没有购买新的 BAC 1-11 飞机，只是保留了英国欧洲海外航空公司的机队。新组建的英国航空公司随后购置了二手飞机。在 20 世纪 80 年代末其鼎盛时期，拥有飞机超过 30 架，主要是 500 系列。1993 年，英国航空公司淘汰了最后一架 BAC 1-11 飞机。

道格拉斯 DC-9、MD-80/90 和波音 717（1965）

道格拉斯在短程喷气式客机市场上击败了波音，DC-9 也一度成为全世界最畅销的喷气客机。但是该公司扩张太快而显疲态，被麦道公司抓住机会研发出了更为成功的 MD-80。

随着波音 707 和道格拉斯 DC-8 在航空服务领域站稳了脚跟，航空业也意识到，在最新的远程客机和型号繁多的短程活塞发动机客机之间存在巨大差距。由于人们都认为涡轮喷气式发动机在此类服务中经济性能不佳，因此洛克希德公司的 L-188 伊莱克特拉和维克斯公司的"子爵"飞机，都是用涡轮螺旋桨发动机来解决这个问题的。

然而在法国，东南飞机制造公司的举措更为大胆，直接生产出了一款短程喷气式客机。而其继任者，法国南方飞机公司，则借助"快帆"飞机在美国市场取得了进展。在这方面，道格拉斯也深信喷气动力是唯一有效的可选项，设计了一

款"小号 DC-8"，保留了 4 个普惠 JT10 发动机，并将该设计用于 DC-9。1960 年，在美国联合航空和东部航空订购了波音 727 后，道格拉斯放弃了 DC-9 的概念，转而购进比波音 727 机型更小的客机，用于服务喷气客机市场。而在此领域，波音公司没有类似型号。

接下来一段时间里，道格拉斯和通用电气联合法国南方飞机公司开发出改进版"快帆"飞机，但是"快帆"飞机变得过时了——它于 1955 年首飞——但不管怎么说，其载客量与波音 727 相近。一直以来，道格拉斯都想设计生产 BAC1-11 那

Air Cal 航空的 MD-80 机队与 PSA 航空公司竞争，而旧金山—洛杉矶航线的竞争尤其激烈。

驾驶舱
飞机客户可以为其 MD-80 系列飞机定制电子飞行仪表系统驾驶舱。这种早期系统使用 CRT 显示屏，相对于传统仪表，这也是一个飞跃。

机身
DC-9 最初设计容纳约 80 名乘客，但是后续加长型 MD-82 可载客 155 人。

入役
数百架源自 DC-9/MD-80/MD-90/717 系列仍在服役，而货运改型飞机的服役时间要比客机衍生型还要长久。

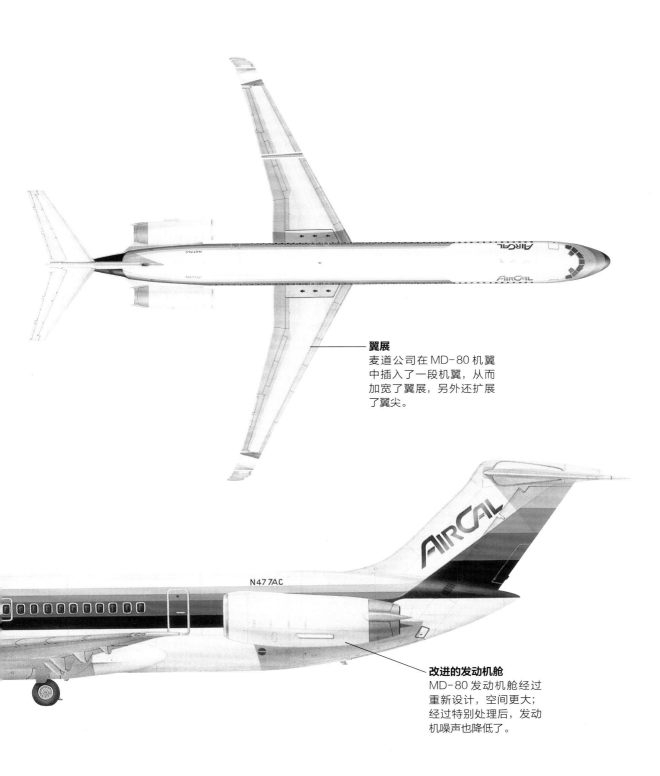

翼展
麦道公司在 MD-80 机翼
中插入了一段机翼，从而
加宽了翼展，另外还扩展
了翼尖。

改进的发动机舱
MD-80 发动机舱经过
重新设计，空间更大；
经过特别处理后，发动
机噪声也降低了。

样的飞机，所以当英国宇航公司宣布推出 BAC1-11 时，道格拉斯退出了"快帆"飞机项目，集中力量重新设计，并于 1962 年推出 D-2086。

表面上看来，道格拉斯飞机与"快帆"和 BAC1-11 相似，由于美国很多欠发达的支线机场跑道较短，为适应在这些区域运营，其动力和高升力机翼都做出了改变。道格拉斯从普惠 JT8D 发动机研发工作中获益，而 JT8D 发动机当时是为波音 727 研制的。道格拉斯为 DC-9 选择了双 JT8D 发动机。虽然发动机配备有点超出该款飞机的实际需要，但是选择惠普发动机，并且 DC-9 本身就适合机身加长，因此该型飞机具

1978 年 7 月，夏威夷航空接收 DC-9-15 飞机。1974—1981 年间，麦道公司制造了 96 架 DC-9-50。

有巨大的发展潜力。

达美航空

1963 年 4 月，达美航空公司决定购买 15 架 DC-9 客机，还有 15 架待定，这足以让道格拉斯公司正式启动 DC-9 项目了。随着 BAC1-11 即将首飞，并已获得美国的订单，道格拉斯公司被迫加快了 DC-9 的制造进度。1965 年 2 月 25 日，DC-9 首飞，11 月取得 DC-9-10 初始型生产许可证。道格拉斯以 DC-9 为主，并生产了系列衍生型飞机，其动力配备、重量和其他选配内容让人眼花缭乱。另外，它还研发了针对特殊顾客要求的版本。首架 DC-9-10 加长版机身加长 4.75 米，可搭载乘客人数增加 25 名，成为 DC-9-30，载客达到 80 人。直到此时，波音公司才开始重视短程客机需求，由此产生了波音 737。波音 737 于 1967 年 4 月首飞，但早在 1967 年年初，拥有类似载客量的 DC-9-30 就已开始提供航空服务了。

DC-9-20 和 DC-9-40 这两款飞机最接近斯堪的纳维亚航空（SAS）的要求，而且已经生产出少量飞机，但是这些飞机却只显示出道格拉斯公司即将面临的重大问题。由于道格拉斯公司开启的是一项高成本项目，再加上 DC-9 的巨大需求，因此导致了严重的资金问题。为了促进销售，DC-9 售价优惠，但是由于需求过大，道格拉斯公司根本不能满足生产。由于越南战争给飞

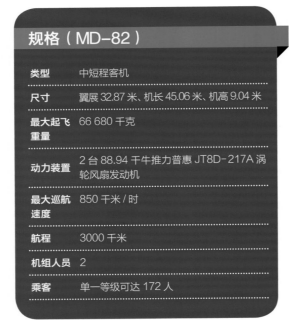

规格（MD-82）

类型	中短程客机
尺寸	翼展 32.87 米、机长 45.06 米、机高 9.04 米
最大起飞重量	66 680 千克
动力装置	2 台 88.94 千牛推力普惠 JT8D-217A 涡轮风扇发动机
最大巡航速度	850 千米 / 时
航程	3000 千米
机组人员	2
乘客	单一等级可达 172 人

机和配件生产需求带来了巨大的资金压力，因此 DC-9 的单位成本要比预期高很多，每架飞机的交付价格都是低于成本的。

新管理层

1967 年，麦克唐纳公司接管了道格拉斯公司，成立麦道公司，使其免于破产。新管理层控制了生产。除了生产 DC-9-30 货机，它还引进了 DC-9-50，后者动力更大，其机体也比前者长 4.34 米。DC-9-50 是一款出色的客机，可载

这架 DC-9-32 从 1982 年开始就由德国劳埃德航空公司运营，1994 年转手中西部快递公司。

139 名乘客，但是在全世界都关注飞机噪声的情况下，其搭载的大功率的 JT8D 发动机噪声太大。在瑞士机场周边的居民投诉新 DC-9-50 比 DC-9-30 噪声大之后，瑞士航空第一个站出来呼吁制造安静型的 DC-9，而美国政府也在制定严格的噪声管理规定，因此麦道着手重新设计，生产出 DC-9-80，即著名的超级 80，入役后命名为 MD-80。

MD-80 和 MD-90

麦道公司将 DC-9-50 机身加长 4.34 米，从而成为 MD-80 系列的生产基准。由于增加了机翼中段，机翼翼展增加。另外，MD-80 系列保留了 JT8D-209 上的 JT8D 发动机，并依据声学原理改进了发动机舱。在该型飞机上，飞行面板上首次安装了数字航电设备，同时也可定制电子飞行仪表系统。

1979 年 10 月 18 日，首架 MD-81 系列飞机完成首飞。1980 年 9 月 12 日，瑞士航空作为首位客户买走了首架样机。后续型号包括适合高温、高空环境的 MD-82，以及推力更大、航程更远的 MD-83。MD-87 机身缩短 5 米，最大载客量 130 人。1987 年 8 月 15 日，安装 JT8D-219 发动机的 MD-88 首飞，而电子飞行仪表系统成为标配。MD-80 系列一直生产到了 1999 年，在初始 DC-9 衍生型 976 架订单的基础上又增加了 1191 个。

1989 年，麦道公司发起了 MD-80 发动机换装项目，命名为 MD-90，尽管后续机型添加后缀数字，但是其标准型号为 MD90-30。后者机身再次稍微加长 1.45 米，可搭载 172 名乘客，安装国际航空发动机公司（IAE）V2525-D5 涡轮风扇发动机。1993 年 2 月 22 日，MD-90 首飞，1997 年 9 月开始交付使用。而此时，麦道公司并入波音公司，其客户包括日本航空（如图所示）。

2000 年，新东家终止了 MD-90 的生产，开始生产麦道公司 1994 年提出的 MD-95，后者拥有 130 座位，采用罗尔斯·罗伊斯公司 BR710 涡轮风扇发动机。多少有点怪异的是，波音重新设计了 717 型，复用 20 世纪 50 年代的名称，并获得了 155 架订单，在 1996—2006 年期间交付使用。

伊留申 伊尔-62 "文豪"（1967）

伊留申设计局生产了苏联的第一款远程喷气运输机——伊尔-62，它性能可靠、载客量大，但是性能一般。

从一开始，苏联的商用飞机大部分都是自给自足，但是著名的里索诺夫里-2"出租车"和捷克 LET-L410 Turbolet 飞机却是例外。前者是基于道格拉斯公司的 DC-3 研发的，后者是小型双发涡轮螺旋桨飞机。苏联国内的需求与其他国家迥然不同，它更注重生产简单、坚固、易维修的飞机，能够在恶劣天气下在简易机场起落。苏联航空总局（Aeroflot），即苏联国家航空公司，更加注重维持重要的航空服务，而不在乎是否盈利，所以经济效益和乘客舒适度并不是首要的考虑目标。

苏联国家航空的国际航线，特别是飞往西方国家的航线，格外受重视，这是因为这些航线有机会向世界展示苏联的航空技术。1957 年，图波列夫公司的图-114"楔子"首飞，并成为苏联国家航空的远程主流客机。它是一款后掠翼飞机，其涡轮螺旋桨发动机十分引人注目且动力强劲。虽然图-114 的巡航速度较慢，但是其载客人数和航程可以媲美波音 707-320B。

在图-114 首飞时，苏联官方就已意识到苏联需要远程喷气式客机。1958 年，伊留申设计局接到新飞机设计要求：载客量要达到 150 人、时速 900 千米 / 时、航程超过 8000 千米。伊留申团队与英美设计者一样，也意识到了法国东南飞

机组人员
西方航空公司在逐步减少飞行机组人员，而伊尔-62飞行机组人员达到5人。

由于发动机更为高效、燃料容量更大，伊尔-62M 航程比伊尔-62 大大提高。

LINHAS AEREAS DE ANGOLA

机翼
机翼后缘内侧部分并不是后掠翼布局，而是采用大副翼形式。机翼上并排安装了高升力设施、扰流器以及副翼。

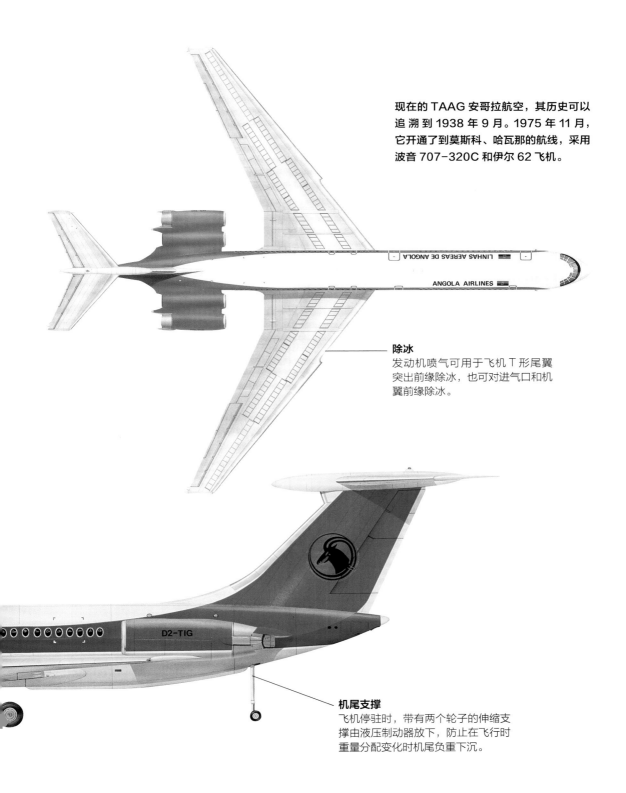

现在的 TAAG 安哥拉航空，其历史可以追溯到 1938 年 9 月。1975 年 11 月，它开通了到莫斯科、哈瓦那的航线，采用波音 707-320C 和伊尔 62 飞机。

除冰
发动机喷气可用于飞机 T 形尾翼突出前缘除冰，也可对进气口和机翼前缘除冰。

机尾支撑
飞机停驻时，带有两个轮子的伸缩支撑由液压制动器放下，防止在飞行时重量分配变化时机尾负重下沉。

机制造公司的"快帆"飞机的后置发动机的设计优势，于是决定为伊尔-62安装两台发动机。考虑到备份发动机的选择和相似的要求，苏联航空决定采用维克斯VC10飞机的布局方案，所以西方评论者认为这完全是在抄袭西方飞机，但实情并非如此。

1963年1月3日，第一架伊尔-62原型机首飞。它原计划安装库兹涅佐夫HK-8涡轮风扇发动机，但由于未能按时交付，所以安装了4台留里卡AL-7涡轮风扇发动机。这些发动机动力稍弱，虽然也能飞，但是性能受到了严重影响。

规格（Il-62M）

类型	"文豪"远程客机
尺寸	翼展43.20米、机长53.12米、机高12.35米
最大起飞重量	165 000千克
动力装置	4台107.70千牛推力索洛维耶夫D-30KU涡轮风扇发动机
最大巡航速度	900千米/时
满载航程	7800千米
使用升限	12 800米
机组人员	5
乘客	单一等级可达186人

VC10发动机舱采用"眼镜框"样式安装，而伊尔62的发动机舱被一个短结合部隔开。

尽管NK-8-4不断更新，但第二架、第三架原型机随后也都安装了AL-7发动机。

测试中大幅修改了机身，而量产前型号上也没有了原型机的机身整流罩，机翼也已经重新制造。另外，低垂外前缘翼展和翼弦增加了，添加了翼刀并修改了翼尖。鉴于发动机迟迟不到位以及修改扩展机翼，研发被迫推迟，所以直到1967年3月10日，苏联航空才开始利用伊尔-62尝试进行航班服务。

"文豪"入役

冷战期间，有关苏联技术的可靠信息很难收集到。因此，为了方便识别飞机类型，航空标准化协调委员会为苏联飞机指定了识别代码。该委员会起初由加拿大、英国和美国组成，后来澳大利亚和新西兰也加入进来。该委员会指定苏联运输机以字母"C"开头，因此伊尔-62被他们称为"文豪"（Classic）。这种命名方式也被北大西洋公约组织（北约，NATO）的各成员所采纳。这种指定的代号使用得很广泛，并被错误地称为"北约代号"。

1967年9月15日，俄罗斯航空公司全线运营"文豪"飞机，最终将苏联带入完全喷气远程运输时代。该飞机主要用于苏联国内运输，但是

伊尔 -62 也出口到了其他国家成员国，例如中国（中国民航）和古巴（古巴航空）。

由于伊尔 -62 表现良好，因此伊留申设计局打算改进设计，为其改装更为现代化的索洛维耶夫 D-30KU 涡轮风扇发动机，并做出其他改进，包括加装机腹燃料箱、升级航空电子设备，并可运载集装箱货物。伊尔 -62 飞机之前只能用于运输大宗货物，而集装箱大大减少了货物周转的时间。

由于采用能效更强的发动机以及加装机腹燃料箱，新伊尔 -62M 的航程超过了其基本型伊尔 -62——超出了 1100 千米，这使其在 1974 年至 20 世纪 90 年代期间，成为苏联远程航空的基石。它不仅取代了伊尔 -62S，还赢得了新的客户，包括安哥拉航空和莫桑比克航空。

1978 年，伊尔 -62 飞机进一步升级为伊尔 -62MK。它的起飞重量更大，载客多达 195 名，而且机舱过道加宽，可以通行手推车，另外，它还设有顶部行李箱。截至 1990 年，苏联共生产了 245 架改型伊尔 -62S，另有 25 架在苏联解体时尚未完工。

现有的伊尔62

伊尔 -62 的客户遍布全球，但数量不大。2014 年年末，一些航空公司仍在使用该机型提供正常的航班服务。尽管多数情况下伊尔 -62 用户别无选择，只能选择经济性能不佳的苏联客机，但是其服役时间远超同期的英美机型。

朝鲜高丽航空现有 5 架伊尔 -62M，之前一架飞机在 1983 年的事故中坠毁。哈萨克斯坦航空集团只有 1 架伊尔 -62M 客机，俄罗斯戈尔布诺夫航空生产联合体有 1 架伊尔 -62M 客机和 3 架改装的伊尔 -62MF 货机，所有这些飞机均在飞，另外还有 1 架存货，可以出售。

波音737（1967）

波音737是迄今为止最为畅销的喷气式客机，与1967年的最初型相比，其最衍生型的性能超出了人们的想象。

1964年，当波音公司宣布生产波音737型飞机之时，各航空公司的反应不温不火。不过波音公司还是希望能在2017年晚些时候交付最新型号的第一架样机——737 MAX，并有信心使它成为未来最畅销喷气式客机。这一特殊转变发端于美国主要航空运营商的机队更新计划，包括美国航空、达美航空、东部航空以及美国联合航空等航空公司。该计划需要一款短途喷气式客机来替代老式的活塞螺旋桨飞机。

波音一直关注波音707的研发，并希望将波音727投入运营，所以新需求的出现让其措手不及。而此时，借助BAC1-11和DC-9，英国宇

航公司和道格拉斯公司已开始接受订单了。实际上，它们确实收到了不少订单，虽然达美航空订购了DC-9，很多美国乘客却为BAC1-11唱赞歌。因此，波音被迫发起客机计划，希望争取到美国之外的订单。美国东部航空和美国联合航空对波音737印象不佳，反而是德国汉莎航空公司订购了21架。

尽管如此，波音仍然期待吸引美国国内的买家。在美国东部航空订购了DC-9后，波音公司

下图是737-200先进型样机，1988年租给了英国琥珀航空。1967—1988年间，波音建造了1100架广受欢迎的波音200型飞机。

机首部分
波音公司将727的机首部分和驾驶舱加上机身缩短的波音727，创建了波音737。因此，波音737家族可以直接追溯到波音第一架喷气式客机，因为这些飞机最初都"借用"了707。

短起落架
相较于英国宇航公司的BAC1-11，737由于起落架较短而更易降落。但是，后来随着现代发动机采用大口径风扇，这种设计就带来了一些大问题。

便借助波音 727 满足了美国联合航空对短途客机的迫切需求，给予后者优惠条款出租该款飞机，直到波音 737 出现。美国联合航空购买了 40 架、意向 30 架，波音 737 因此开始扩展开来。

成功新含义

正当欧洲、美国以及苏联的飞机制造商们竭尽全力发掘后置发动机优势之时，波音公司却在 737 飞机上放弃了此种布局，这是由于相比于在机翼下安装发动机，如果机尾安装的话，飞机重心平衡就是个大问题。所以，波音公司将普惠 JT8D 发动机放置在了瘦窄的发动机舱内，然后直接安装在机翼下面，而不再使用传统的桥塔，因而还可以采用极短起落架，不但节省了重量，还方便了飞机降落。

推力反向器

JT8D 发动机最初被封装在发动机短舱内，其反推器在机翼下水平开口。这些都降低了制动效

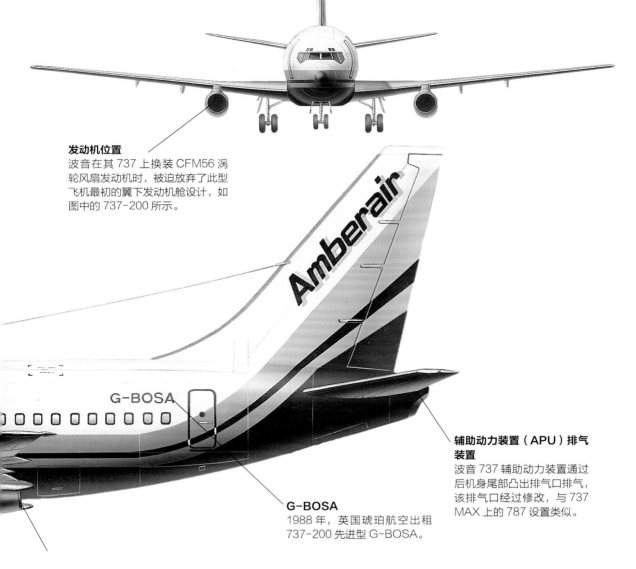

发动机位置
波音在其 737 上换装 CFM56 涡轮风扇发动机时，被迫放弃了此型飞机最初的翼下发动机舱设计，如图中的 737-200 所示。

G-BOSA
1988 年，英国琥珀航空出租 737-200 先进型 G-BOSA。

辅助动力装置（APU）排气装置
波音 737 辅助动力装置通过后机身尾部凸出排气口排气，该排气口经过修改，与 737 MAX 上的 787 设置类似。

能，从而需要重新设计。反推器需要垂直开口，并置于长度加长的发动机舱尾部。737 采用了 727 机身，但比前者要短。即使是最新型的 737 的前机身轮廓，也与最初的 737 几乎一样。1967 年 4 月 9 日，第一架原型机首飞。它按 737-100 飞机的标准建造，载客 103 人。但是其发动机安装方

1986 年，汉莎航空购进此架 737-300 飞机。汉莎航空在第二次世界大战后都是波音产品的坚定支持者。

式却造成了麻烦，产生了巨大的阻力和制动问题，这是因为反推时气流要"升起"飞机，所以飞机主轮附着力降低，也降低了制动效果。

重新设计费时数月，这些问题也得以解决。但是，由于 737-100 市场太小，只卖出了 30 架，于是波音被迫转为生产 737-200。后者装载更多燃料，而最初交付美国联合航空的客机可以载客 115 人。然而，波音公司仍在努力地推销其"宝贝"飞机，引入 737-200C 客货两用飞机以及 737-200QC "快变"客货飞机，同时还有"砂石组件"型号，用于条件简陋的机场运营，从而提升该型飞机的客户兴趣。该型飞机的订单不断增加，航空业界也终于认可了 737，而从第 281 架飞机开始，波音公司开始交付 737-200 先进型号。

由于可以载客 130 人，并可为在小机场运营，波音 737 先进型号终于站稳了脚跟，而波音公司也继续改进这款机型，采用碳复合材料结构，从而削减机体结构重量达 454 千克。

波音 737 先进型已能和麦道公司研发的 MD-80 系列飞机竞争。但在 1981 年，空中客车工

规格（737-800）

类型	中短程客机
尺寸	翼展 35.80 米、机长 39.50 米、机高 12.50 米
最大起飞重量	79 015 千克
动力装置	2 台 107.60 千牛推力 CFM 国际 CFM56-B24 涡轮风扇发动机
最大巡航速度	0.785 马赫
最大航程	5765 千米
使用升限	12 500 米
机组人员	2
乘客	单一等级可达 189 人

业公司宣布有意制造一款现代化飞机与之进行竞争。但是，波音利用当时已具备的优势，借助波音 737 仍站立在竞争潮流上游。

高涵道

CFM 国际公司由美国通用电气和法国斯奈克玛（SNECMA）联合成立，生产高涵道比 CFM56 发动机，这是适合较小机型的第一款高涵道比涡轮风扇发动机，已在 DC-8-70 系列飞机上有所应用。大直径风扇与 737 的短起落架大大挑战了波音的独创性。由于在机翼前方塔柱上悬挂发动机，导致波音 737 离地间隙不足。为解决此问题，波音公司将发动机附件置于一边，使用罕见的椭圆形短舱将整个配件集成装入。新设计包括改进机舱内部以及在驾驶舱安装电子飞行仪表系统，首先用于了波音 737-300 机型。它

载客量为 149 人，于 1984 年 2 月 24 日首飞。11 月 28 日，美国航空接收第一架 737-300，而波音进一步在加长版 737-400 上安装了 CFM56 发动机，从而使载客量达到 170 人，该型新飞机可以在包机以及二线航空公司市场上替换多型老旧飞机。波音公司还将波音 737 修改回 737-200 型，结合 737-500 的短机身和长航程，使其能够载客 108 人、航程超过 5552 千米。

直到今天，波音 737 型从 737-100 到 737-500 还被认为是"经典"。由于空客公司还继续在 A320 系列中植入新技术，波音也于 1993 年发起制造 NG（下一代）737 计划。最后的经典是波音 737-400，其中两架于 2000 年 2 月 28 日交付捷克航空公司（CSA）。1997 年 12 月，第一架 NG737-700 交付给了美国西南航空公司。

NG和Max

波音提出了 3 个 NG 衍生型，737-300X、737-400X 和 737-500X。737-400X 比经典型 737-400 机身更长。需要强调的是，NG 采用新机翼，安装了动力更强劲的 CFM56 发动机，装备了全自动数字发动机控制技术（FADEC），修改了机舱样式，提升了性能，而名称也被分别更改为 737-700，737-800（如图）和 737-600。

随后，波音公司发现机身还可加长，从而可以载客 189 人，这就是 737-900 型；2007 年 4 月起，航程扩展后的 737-900ER 入役，结果虽然差强人意，但也有可能替代波音 757。

从波音 787 中得到灵感，全新"天空内饰"（Sky Interior）飞机复活了 NG。2014 年 2 月，第 1000 架装配"天空内饰"的波音 737-800 交付给挪威航空。但是，2011 年 8 月 30 日，波音宣布了 NG 继任型号是 737Max。为了能在 737-7、-8 以及 -9 衍生型中也可以使用，737Max 飞机在 NG 改进机身上添加了新技术——CFM 公司的 Leap-1B 发动机，在效能上取得重大进展。但是，该机型的短起落架再次惹出麻烦，所以波音公司将前起落架加长 20 厘米，来为更为庞大的发动机扇叶提供较大离地间隙。737Max 预计从 2017 年年底开始交付运营。

福克 F28 和 70/100（1967）

在 F28 研发过程中，福克沿用了 F27 的先进思想，并将其用于支线客机。短身型 F28 衍生出了 F100 和 F70，它们成为这家著名飞机制造商的最终产品。

二战后，福克公司费尽气力地说服航空公司相信涡轮螺旋桨是支线航班的优选方式，而不是活塞动力。但是，当英国欧洲航空公司需求高速喷气动力支线飞机时，这家荷兰制造商认为涡轮螺旋桨也将很快过时。因此，1961 年它宣布了一项新的飞机项目，这就人们熟知的 F28 机型。它外表看起来很像 BAC1-11，但是与 BAC1-11 的最小 89 人载客量相比，其载客量最大为 65 人。F28 机翼经优化可用于短跑道，由罗尔斯·罗伊斯 RB.183 涡轮风扇发动机提供动力。

令人惊奇的是，F28 采取了国际合作进行生产的方式，德国 MBB 公司生产后段机身、发动机舱和桥塔，VFW 公司生产前段机身和机尾，而北爱尔兰的肖茨公司负责生产机翼和起落架门。仙童－海乐公司考虑研发自己的 FH-228 用于北美市场，但是后来还是选择了在该区域销售 F28。

F28 的两台样机分别于 1967 年 5 月 9 日和 8 月 3 日首飞，并且于 1969 年 2 月 24 日首次

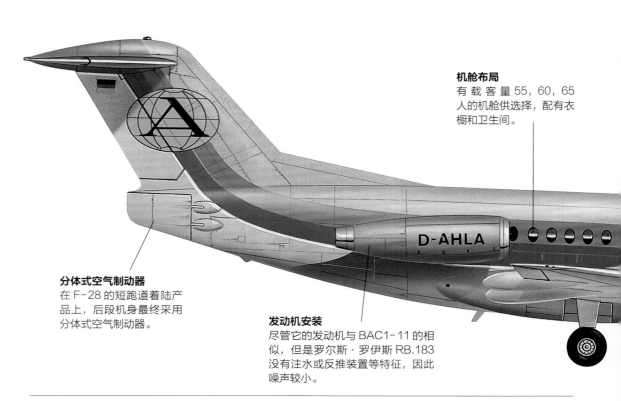

机舱布局
有载客量 55，60，65 人的机舱供选择，配有衣橱和卫生间。

分体式空气制动器
在 F-28 的短跑道着陆产品上，后段机身最终采用分体式空气制动器。

发动机安装
尽管它的发动机与 BAC1-11 的相似，但是罗尔斯·罗伊斯 RB.183 没有注水或反推装置等特征，因此噪声较小。

交付德国 LTU 运输公司。此时，福克已经签了几个客户，但是他们总共的订单仅 22 架，制造商不得不开始积极开展市场营销活动。然而，就其本质来说，F28 吸引的是数量不大的更专业的运营商。由于它容量相对小和野外使用特性更为突出，尽管福克营销商正在收获新的订单，但是每单很少超过两架。

扩展版F28

最初型号以 F28Mk1000 或 F28-1000 而闻名，福克公司着手通过一系列改进来提高该机型的知名度和性能。首先是 1970 年研发出的 F28-2000，扩展至可容纳 79 人，而 Mk1000C 是短机身和大舱门的结合体。短机身加上更高升力的机翼形成了 Mk 5000，而同样的机翼和长机

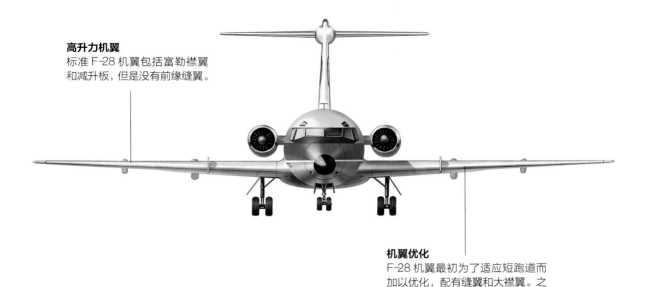

高升力机翼
标准 F-28 机翼包括富勒襟翼和减升板，但是没有前缘缝翼。

机翼优化
F-28 机翼最初为了适应短跑道而加以优化，配有缝翼和大襟翼。之后的一些衍生机型略去了缝翼。

德国航空公司 Aviaction 的存续时间很短，它于 1971 年购入 3 架 F28-1000 喷气机。但是运营不算成功，1973 年，福克将它们收回。

身则组成了 Mk 6000。

这些飞机使用了 RB.183 Mk 555-1H 发动机，噪声减小，还可以加载更大重量。同样的发动装置应用到了 Mk3000 和 Mk4000 上，分别

是 Mk5000 和 Mk6000 的衍生机型，去掉了高升力缝翼。尽管如此，飞机销售仍然缓慢，但是持续不断的小额订单一直将 F28 的生产维持到了 1986 年，到那时一共销售了 241 架。

终极福克

1983 年 11 月，福克在支线客机设计上迈出了大胆的一步，宣布研发新一代支线客机，但颇具讽刺意味的是，航空公司当时正纷纷打算放弃涡轮螺旋桨飞机。福克考虑设计了"超级"F28 飞机和 150 座的 F29 飞机，并且商议与麦道公司合作生产 MDF100，但是 1983 年发布的机型是 100 座的 F28 衍生机型，命名为福克 100 或 F100。

F100 本是和 F50 同时发布的，但是后来因为后者载客量增加而被延迟。F100 完全现代化，拥有新机翼，采用 61.60 千牛推力的罗尔斯·罗

规格（福克 100，Tay650 发动机）	
类型	短程客机
尺寸	翼展 28.08 米、机长 35.53 米、机高 8 米
最大起飞重量	44 450 千克
动力装置	2 台 67.19 千牛推力 罗尔斯·罗伊斯 Tay 650 涡轮风扇发动机
最大巡航速度	837 千米／时
最大航程	2956 千米
使用升限	10 670 米
机组人员	2
乘客	单一等级座舱可最多容纳 107 人

伊斯 Tay 620 涡轮风扇发动机和装有电子飞行仪表系统的驾驶舱。驾驶舱的规格在后来的设计中有所修改，在 1986 年 11 月 30 日首飞前也增加了重量。

福克再次达成不同机身组件的合作生产协议。戴姆勒奔驰公司生产中央机身和机尾，肖茨公司生产机翼，道蒂公司负责前起落架，而美国的诺斯罗普·格鲁曼公司和纳斯克公司分别负责发动机舱、反推装置和主要起落架。发动机舱、操纵面、机舱地板和一些整流罩都是节省重量的合成构造。

1988 年 4 月 3 日瑞士航空将 F100 投入使用，而配置 67.19 千牛 Tay 650 发动机的衍生机型也在 7 月 8 日完成首飞。1989 年，福克从美国航空公司那里收到了有史以来最大订单，75 架 F100，然后同年 7 月 1 日首次交付美国航空公司。

尽管福克公司已经验证了扩大版的 F100，但是福克接下来研发了 70 座级的 F70，其机身与短机身的 F28 类似，由 Tay 620 发动机提供动力。因此该飞机经历了一个艰难的孕育过程，此时福克已被德国宇航公司（DASA，后更名为戴姆勒·克莱斯勒宇航公司）接管。这导致 F70 在 1993 年 4 月 2 日才首飞，还能赶上了六月份的巴黎航展。在航展上，F70 获得了 15 个订单和 5 个意向订单。后来陆续接收到一些小订单，并于 1995 年 3 月 9 日，在印度尼西亚森帕蒂航空公司开始服役。

飞机市场上竞争对手磨刀霍霍。福克在新东家那里苦苦挣扎之际，还是制造出了外形美观但却造价不菲的产品。1996 年 1 月，DASA 已经更名为戴姆勒·奔驰公司，并抽离资金。3 月 15 日，福克随之宣布破产。它于 1997 年 4 月 18 日为荷兰皇家航空公司交付最后一架 F70。

福克私人机

贝宁人民空军是为数不多的飞行 VIP 或商务 F28/100/70 的运营商之一。1982 年购入的这架 F28-4000 仅仅维持运营到 1984 年。第一架 F70 交付给了公司客户福特汽车公司，它于 1994 年 10 月 25 日购入了一架 48 座的商务飞机。

图波列夫 图-144 "战马"（1968）

苏联是第一个投入超声速飞机运营的国家，其图-144 飞机性能优异，但在发生两次致命事故之后，图-144 的服役生涯大大缩短。仅有 13 架飞机投入运营；而在 1978 年 6 月 1 日，所有运行服务取消。

一份 1963 年的研究显示，相比地面交通工具，苏联航空总局的每一次服务都为乘客节省了 24.9 小时的旅行时间。对于重要人物，例如医生或者高级军事人员，这样的时间节约对于提高工作效率是至关重要的。发展更快的航空运输的好处显而易见。计算结果显示，75 架超声速飞机组成的运输机队将人均节省 35 小时。考虑到苏联辽阔的疆土，超声速飞机会给苏联带来更为明显的利益。

飞机超声速运行不可避免地会产生巨大噪声，而这也是困扰英法协和超声速喷气式客机的大问题，但是在苏联，这直接就被忽视了。负责设计制造超声速飞机的图波列夫坦言，这噪声不亚于"雷声"。

1963 年发起超声速飞机项目，图波列夫受委托负责研制后来成为图-144 的机身。发动机由库兹涅佐夫设计，他改进了已经在 Il-62 上试

CCCP-77144 是苏联民用航空局第 4 架图-144 "战马"，它其实应该注册为 CCCP-77104，但注册号失序，便用此号来反映它的名字。它最初出现在 1975 年的巴黎航展上。

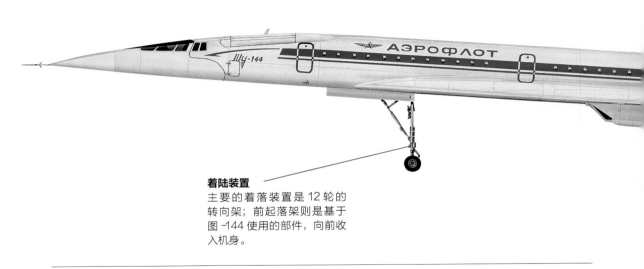

着陆装置
主要的着落装置是 12 轮的转向架；前起落架则是基于图-144 使用的部件，向前收入机身。

验过的 NK-8 发动机，以满足超声速飞机的高难要求。NK-8 增加了加力装置，这种装置通常只在军用发动机上使用，用以增加动力，但代价是燃料消耗大大增加。不管飞机处于哪种飞行状态，新设计的进气系统都能够传输超声速空气流到发动机中，而发动机采用强耐热材料，可以经受超声速飞行产生的高温。

1962 年 11 月，英国和法国正式达成共同研发协议，这就是后来的"协和飞机"项目；尽管图 -144 项目在很多方面比协和项目更有魄力，但

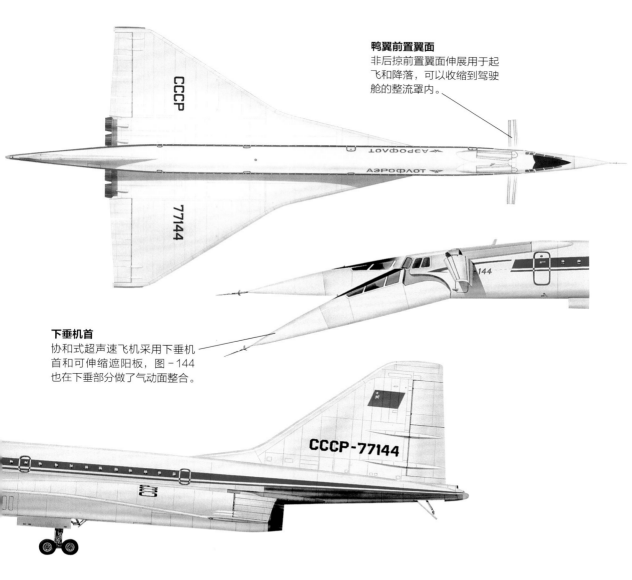

鸭翼前置翼面
非后掠前置翼面伸展用于起飞和降落，可以收缩到驾驶舱的整流罩内。

下垂机首
协和式超声速飞机采用下垂机首和可伸缩遮阳板，图 -144 也在下垂部分做了气动面整合。

基于强大的发动机和先进的空气动力学设计，该机型展现出巨大的发展前景，但其操作很有挑战性。它比协和飞机稍快，但是它的职业生涯过早地结束了。

苏联还是很快就开始效仿协和式的研究成果。

定义图-144

　　在整体配置上，图-144 与协和飞机相似，但前者的设计航速更高。其发动机安装了中心整流罩，类似于安装在美国 XB-70"女武神"轰炸机上的动力装置。安东诺夫设计了图-144 的机翼，而飞机的无尾布局一直用米高扬-格列维奇的 A-144 进行"模拟"检验，还有一架米格-

图-144 原型机貌似协和，但是细节上有很大不同，而其量产飞机在设计上更接近西方的飞机。

21 安装了缩小的图-144 机翼进行试飞。

　　图-144 机翼后掠角高达到 76°，而机翼巨大的舷内部分和舷外部分后掠角为 57°。燃油置于机翼和下机身内。后来，图波列夫采用燃料泵系统用于超声速时的液压控制，与协和飞机情况类似。图-144 也和协和飞机一样，采用可动下垂机首，在高迎角的三角翼飞机起降时改善飞行员的能见度。

首飞

　　1968 年 12 月 31 日，图-144 原型机首飞，四人测试机组都坐在弹射座椅上。而整个飞行测试持续到 1970 年，尽管原型机还未安装客机客舱，但其速度高达 2.4 马赫。1970 年 5 月 21 日，该机在谢列梅捷沃机场向公众展示，但第一架实用型图-144 两年后才现身，其设计改变很大，机翼外形和控制面板已经显著修改，机身增加了 6.30 米，发动机和协和飞机类似，分为两个独立发动机舱，前机身上部增加了一对前舱，用于提高低速操控性。

规格（图-144 战马）	
类型	远程超声速客机
尺寸	翼展 28.80 米、机长 65.70 米、机高 12.85 米
最大起飞重量	180 000 千克
动力装置	4 台 127.29 千牛推力库兹涅佐夫 NK-144 加力式涡轮风扇发动机
最大速度	2500 千米/时
航程	6500 千米
飞行高度	18 000 米
机组人员	3
乘客	单一等级座舱可最多容纳 140 人

实用型图 - 144 重量增加了 50 吨，很大一部分用于增加燃料容量，这样量产飞机就可以达到设计的航程（6500 千米）。改进后的飞机于 1973 年首飞，而第二架就在同年巴黎航展上失事。苏联航空总局在 1974 年开始运行试验，1975 年 12 月 26 日在莫斯科和阿拉木图之间开通货运航线，而这 3260 千米的航程从准备起飞到舱门关闭经常要花费将近两个小时。

1977 年 11 月 1 日，该航线开通客运业务。但是，在发动机测试导致空难后，客运航班全部停飞，它仅飞行了 102 次。事故是由燃料系统故障造成的，虽然进行了补救，但是之后再没用于载客。图 - 144D 衍生机型改进了发动机，采用无加力燃烧室进行巡航飞行，但是随后放弃。

巴黎空难

这架飞机注册机号 CCCP-77102，是第二架图 -144 量产飞机，亮相于 1973 年巴黎航展。6 月 3 日，其展示日程安排接近尾声时，该飞机失速前急剧爬升。当飞行员试图恢复时，飞机解体，碎片散落于房屋上方，造成机组全部人员以及 8 名地面人员死亡。事故调查虽没有最终结论，但有消息来源表明，法国达索幻影 IIIR 侦察 - 战斗机在试图抓拍图 -144 鸭翼布局时，可能干扰了出事飞机的飞行员。还有说法将事故归因于飞行员失误或者设备故障。

图波列夫 图-154 "大意"（1968）

图-154 以图波列夫早期的喷气式客机为基础，其设计符合苏联国内航线的苛刻要求，是一款性能卓越的飞机。但曾是苏联中短程航空支柱的图-154，最终败给了噪声管制和经济性更好的西方各机型。

图波列夫通过为图-16轰炸机设计的新机身，制造了苏联第一架喷气客机。1956年9月15日，图-104"骆驼"中短程客机入役。1957年11月15日，装涡轮风扇发动机大型图-114"楔子"长程客机随后投入运营。基于图-104的短程客机图-124"菜锅"于1960年3月24日首飞。

1962年，差不多在图-124入役的同时，苏联官方委托图波列夫设计一款更高效的新型短程飞机。制造商决定布局，配置两台发动机采用流行的后置发动机。该机命名为图134，航空局宣传中心（ASCC）将其命名为'Crusty'，它于1967年9月开始载客服务，其很多设计后来用于更大的三发动机中程喷气客机图-154"大意"的设计。

苏联国内航空部门需要一款喷气式飞机，用以替代苏联国内航线当前使用的图-104喷气式客机，以及伊尔-18"黑鸭"和安-10"猫"等

保加利亚巴尔干航空1985年起开始飞行图-154，而5年后西方第一架飞机——波音737——才加入其机队。

舱门
图-154B 设有附加舱门作为第二个入口，其位置在机翼前缘之前。

上反角翼
图波列夫的客机设计是以上反角（下反角）机翼闻名。

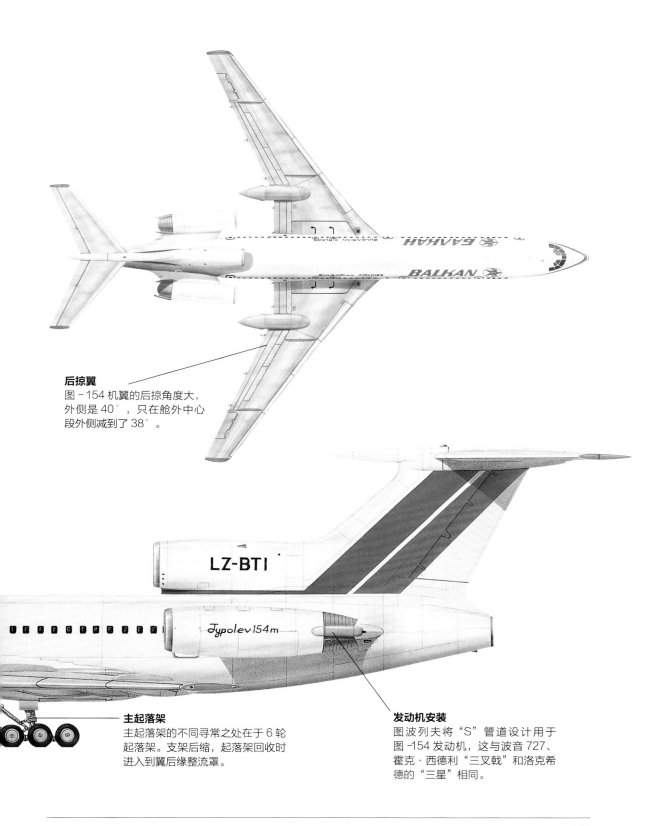

后掠翼

图-154 机翼的后掠角度大，外侧是 40°，只在舱外中心段外侧减到了 38°。

主起落架

主起落架的不同寻常之处在于 6 轮起落架。支架后缩，起落架回收时进入到翼后缘整流罩。

发动机安装

图波列夫将"S"管道设计用于图-154 发动机，这与波音 727、霍克·西德利"三叉戟"和洛克希德的"三星"相同。

搭载涡轮螺旋桨发动机的飞机。图波列夫收到图 -154 机型相关参数要求，新机型应该减轻荷载、最大航程达到 6000 千米，并且能够在 2000 米长的半制式跑道上起飞。在实际飞行中，这些要求最终得以实现，主要得益于 3 台强大的库兹涅佐夫 NK-8-2 涡轮风扇发动机以及装有扩展高升力设备的机翼，包括缝翼和三开缝襟翼。在布局上，这款机型与波音 727-200 非常相似，但是前者更小更轻却动力强劲。该机安装的主起落架有 6 个轮子，可在砂石或土质压实跑道上均匀

图 -154 飞机不同寻常的上反角机翼和中间椭圆形进气道赋予了该机一个特殊的外形。

分散飞机的重量。这些轮子可以向后收回于机翼后方的整流罩中。

"大意"入役

1968 年 10 月 4 日，图 -154 首飞，1972 年 2 月 9 日开始按照运营图载客运营。8 月 1 日，该机首次出现在国际航线上，飞往布拉格。该机最初量产的型号多为 128 座飞机。

1971 年，图波列夫又设计了改进型的图 -154A，并于 1975 年开始定期航线服务，其诸多改进包括装备了动力更强劲的 NK-8-2U 发动机并安装了机身中部油箱。它的设计布局也很有特色，在地面时该油箱燃料只能分配给飞机的主燃料系统，因此这只是在本土之外的机场加油供给的一种方式。其载客量则增加到了 168 人。

图 -154 一开始就安装了用于低能见度起降的自动着陆装置，但是在 1977 年引进的图 -154B 机型中，具有此功能的仪表降落系统航空电子设备却由苏联产品变为了法国汤姆逊 -CSF/SFIM 系统。改进型图 -154B 重量增加，设有附加舱门，载客 180 人。它一直生产到 1980 年被图 -154B-2 所替代。现在，中段油箱在飞行中也是可用的，还安装了新型雷达，可在着陆阶段检测气流，用来提升侧风下着陆的安全性。

从 1982 年起，图波列夫提供了一架图

规格（图 -154 "大意"）

类型	中远程客机
尺寸	翼展 37.55 米、机长 47.90 米、机高 11.40 米
最大起飞重量	100 000 千克
动力装置	3 台 104 千牛推力索罗维伊夫 D-30KU-154-II 涡轮风扇发动机
最大速度	950 千米/时
最大荷载航程	3900 千米
飞行高度	11 900 米
机组人员	3
乘客	单一等级座舱可最多容纳 180 人

154S 货机，两年后开始建造终极机型，即图－154M。它的最初型号定为图－164，通过改进图－154B－2 生产，由更有效的索罗维伊夫 D-30KU-154-Ⅱ 发动机提供动力，更大的进气口用以满足增加了的空气需求。设计了新的发动机机舱适用于侧置的发动机，辅助动力装置从以前的机尾位置移到了机身中部位置。机翼上的高升力装置被大大改进，水平尾翼被重新设计。机舱内部安装了不易燃的装置，包括头顶封闭的行李舱。图－154M 于 1982 年首飞，1984 年 12 月 27 日，

最初的产品交付苏联民用航空局使用。一个安装有西方电子设备的图－154M-100 衍生机型在图－154 项目晚期被生产出来，但是，在生产出的约 1000 架此类飞机中，只有极少数达到了这个提高的标准。

到 2015 年早期，图－154 的数量锐减。改型飞机无法达到 3 阶段的噪声规定，因此被很多国家禁止进入领空，包括欧盟的一些国家。此后，大概还有 40 架图－154S 继续运营，其在国内航线上的支柱地位一直保持到 2000 年，随后便急速衰落。

"大意"运营方

苏联民航总局是图－154 的主要运营方，生产出来的大多数飞机均由其购得。但是一些飞机，尤其是图－154M，出口给了苏联的盟国以及受苏联影响的一些国家。20 世纪 90 年代初期，苏联解体，俄罗斯空中交通系统放开竞争，新的航空公司纷纷进入航空市场。

很多情况下，这些航空公司——到 1993 年年底，至少有 100 家——从苏联民航总局手中低价购得二手飞机，借助几架图－154M 开始运营国内航线。后来，由于可以买到更加高效的空客 A320 和波音 737，这些为数不多幸存下来的早期运营商可以相对快速地重置装备，再加上欧洲严格的噪声管制，图－154 的运营开始衰落，其在独联体国家之外的航线目的地也都受到了重大影响。

波音 747 （1969）

波音公司持续努力并进行工业革新，在引入喷气式宽体客机后，其在商用航空领域又迈出了重要一步——凭借波音 747 开拓市场。在首飞 40 多年后，波音 747 还一直在进行生产。

当波音开始考虑制造更大型客机时，第一架远程载客喷气机刚刚投入使用，空中旅行迅速流行，机场和空域逐渐开始变得拥挤。要想解决这一问题，就需要引入大型飞机，而不是单纯地增加飞机数量。

道格拉斯公司发现 DC-8 具有先天的可扩展性，而波音 707 却不适合进行过多的结构改造。于是波音决定将自己和普惠公司在一个军方项目中获取的经验，作为研发一款更大、更宽客机的基础。1964 年，美国空军发起了 CX-HLS（喷气式大型远程运输机项目）来满足军用后勤运输的需求，因为该项目需要大型运输机，发动机制造商不得不开发新技术以为其提供动力。

波音、道格拉斯和洛克希德公司递交了机身方案，最终洛克希德获胜。同时，通用电气和普惠也提交了发动机方案，通用电气在竞标中获胜。因不愿放弃投资，波音和普惠开始研发新一代宽体运输机，每排设计 10 个座位。这一大型客机的运行需要依赖高涵道比的普惠 JT9D 涡轮风扇发动机产生的巨大推力。

波音在设计出使用传统配置的巨型客机之前，向航空公司提出了一些新理念。虽然潜在客户不喜欢其双层布局方案，但是美国泛美航空从一开始就是波音的忠实支持者，在波音提出 10 座宽体客机计划后就立即下了订单。1966 年 4 月 13 日，泛美航空订购了 25 架波音 747，这张价值 5.25

日本的全日空采用波音 747 客机和货机，包括 747SR。SR 的定位是为日本国内市场研发的高容量、高频率机型，日本货物航空公司则使用了 747F 机型。

主起落架
波音 747 作为重型飞机，需要多轮的着陆部件，以便平均分散其在机场地面上的重量。

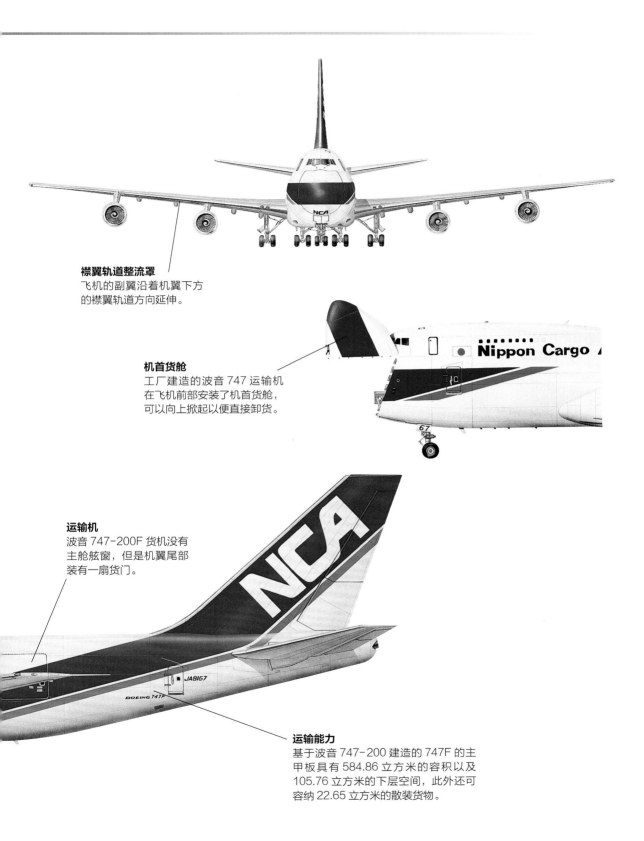

襟翼轨道整流罩
飞机的副翼沿着机翼下方
的襟翼轨道方向延伸。

机首货舱
工厂建造的波音 747 运输机
在飞机前部安装了机首货舱，
可以向上掀起以便直接卸货。

运输机
波音 747-200F 货机没有
主舱舷窗，但是机翼尾部
装有一扇货门。

运输能力
基于波音 747-200 建造的 747F 的主
甲板具有 584.86 立方米的容积以及
105.76 立方米的下层空间，此外还可
容纳 22.65 立方米的散装货物。

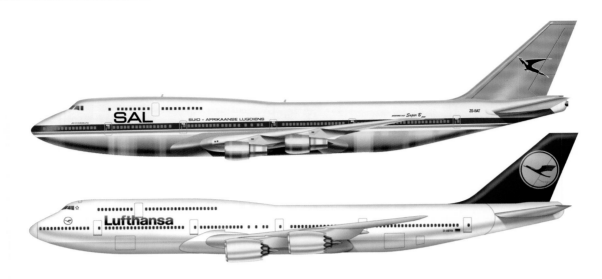

亿美元的订单是当时最大的一张商业订单。

建造"珍宝客机"

"珍宝客机"这一受欢迎的昵称出现在波音747项目早期，因为其上甲板顶部的巨大机身可容纳额外的座位和驾驶舱；该机型还配备了四喷气式发动机和先进的后掠角达37°的高升力机翼，以保证航行效率。在这项极端先进的工程中，JT9D是当时动力最强劲的喷气式发动机，将它安装在波音747上是一个重大的工程技术挑战，

规格（747-400, RB211 发动机）

类型	远程宽体客机
尺寸	翼展 64.44 米、机长 70.67 米、高 19.41 米
最大起飞重量	396 891 千克
动力装置	4 台 258 千牛推力罗尔斯·罗伊斯 RB211—524G 涡轮风扇发动机
最大巡航速度	984 千米/时
最大航程	13 214 千米
飞行高度	9998 米
机组人员	2
乘客	典型三级座舱，最多可载客 421 人

波音 747-300 与 747-200 的主要区别是前者的上甲板更长。上图是南非航空公司的 747-300。汉莎航空公司 2012 年开始使用 747-8。

这一挑战将波音和普惠推上了航空技术的极致。

但这一项目也让波音公司陷入了财政困难，为了建造这一庞然大物，波音公司不得不投入巨资进行基础设施建设。尽管 747 订单不断，但乘坐率的上升却不如预期。不久后，1973 年发生的石油危机导致该机型的运营造成了更高的燃油成本。

泛美航空参与了 747 的研发，也自然成为第一个将其投入运营的航空公司。1969 年 1 月 22 日，747 从纽约飞往伦敦，但发动机过热最后导致了飞机延误——发动机导致的许多问题在使用 B-52 进行的飞行测试时并未发现。美国环球航空于同年 2 月 25 日开始在纽约到洛杉矶航线上使用 747。不久，多家运营商开始将该型机用于远程航线，并遍及全球。但是，由于乘客增长率缓慢这一问题日趋显著，使用 747 似乎成了一个巨大的错误，但波音公司仍在继续该机型的研发。

"珍宝客机"衍生型

随着更强劲的发动机被研发出来，波音公司推出了更大型的波音 747 远程客机。1968 年 6 月，波音公司宣布开始研发该型飞机。1971 年 2 月，波音 747-200B 作为荷兰航空公司的客机投入使用。同时，747-200C 客货两用飞机和 747-200F 运输机的研制也开始了。747-200 系列有三种发动机可供选择：普惠 JT9D、通用电气 CF6 和罗尔斯·罗伊斯 RB.211，这也在飞机制造业中开创了先例。

接下来，波音通过加长上层甲板增加了波音 747 的载客量，研制出了 747-300，并于 1982 年 10 月 5 日首飞。客户可以选择 747-200 或 747-300 机型，但是后来这些机型均被科技含量更高的 747-400 所取代。747-400 于 1988 年 4 月 29 日首飞，其双人驾驶舱内安装了电子飞行仪表系统，并以普惠 PW4056 替换了 JT9D 发动机，还配置了装有小翼的大翼展机翼。而水平尾翼上的油箱以及改良过的空气动力装置也增加了其航程。

1989 年 2 月，美国西北航空公司将 747-400 投入使用。波音公司还向其交付了几架销量更高的衍生机型。747 系列以 747ER 航程扩展型（交付澳大利亚航空公司）和 747-400ERF 运输机而告终。波音公司占领了远程宽体客机市场 30 年，但是空客的逐步威胁，特别是 A380 的问世，使得波音公司不得不重新考虑 747 机型。

在这种市场情况下，波音公司第一次决定加长机身，增加了大跨度机翼，增加了载油量，并使用了通用电气 GEnx-2B67 发动机，这些技术均改良自波音 787 的技术，并充分利用了 787 技术和梦幻货机的"电气化框架"。尽管 787-8I(洲际）或者 747-8 的销售仍然不见起色，但 747-8F 货机却因其卓越的经济性而赢得了客户青睐，特别是空中客车公司决定不再更新其 A380 货机后，747-8F 就更加受欢迎。

特殊衍生机型

由于波音 747 载客能力卓越且升力大，使得波音公司拿到了少量军方订单。美国空军使用两架 VC-25A 飞机（如下图所示），它改造了特殊的舱室和通信系统，用作总统专机。美国空军空中指挥中心也装备了 4 架 E-4B 飞机。VC-25 和 E-4 就是基于 747-200 设计制造的，现在已取消的 AL-1A 激光反弹道导弹飞机是在 747-400F 基础上建造的。除此之外，日本航空自卫队也使用两架 747-400S 作为政府专机，伊朗则用 747-100 衍生型作为空中加油机。

尽管还有一些公司也制造商用货机，但是 747SP（特殊性能）可能是其中最先进的机型，航程大却可从较短的跑道上起飞。波音共建造了 45 架 747SP 型飞机，该机型的机身缩短了 14.87 米，垂直尾翼加高，水平尾翼跨度增大，性能卓越，但是在 747SP 开始投入使用时，波音研发的 747-200B 覆盖了类似航程。

法国宇航公司／英国宇航公司（BAC）协和飞机（1969）

协和飞机可能是外形最具辨识度的飞机了。作为全世界唯一投入实际使用的超声速运输机，在被一场事故结束职业生涯前，它占据领先地位近30年。协和飞机被认为是最伟大的航空技术成果，未来许多年内，它的性能可能都无法被复制。

很少有飞机像协和飞机一样，具有如此高的辨识度，并获得这么高的公众关注度——不同的国家对其既有正面看法，又有负面态度。美国国家航空航天局的工程师说，它比阿波罗计划还复杂。从1976年到2003年，协和飞机提供了跨越大西洋的超声速客运服务。

20世纪50年代末，英法两国的飞机制造商已经在研究超声速运输技术了。他们认识到建造

这样的飞机需要大量的资源，而这超出了任何单个国家的承受范围，更别说仅凭单个公司的力量了。英国飞机公司研发的BAC223无果而终，而此时法国南方飞机公司已经设计出了"超级快帆"号。尽管法国公司设计的机翼更为先进，但这两家的设计图纸和设计团队的思路都非常相似。

1962年11月，英法两国正式开始了超声速运输计划（STT）计划，同意将BAC的设计同为超级卡拉维尔设计的尖角机翼结合起来。布里斯托·西德利公司被选中与斯奈克玛公司合作，将为未投产的BAC TSR.2攻击机生产的奥林帕斯加力涡轮喷气发动机改造成超声速运输机用发动机，但

G-BOAB是第八架协和飞机，1976年首飞后进入英国航空公司服务。

伦敦—纽约
协和飞机可在四小时内完成伦敦—纽约单程航线。

客舱
协和飞机狭窄的机舱中每排只有四个座位，过道两侧各安排两个座位。大不列颠航空运营的是100座的客机。

BRITISH AIRWAYS

白色漆
只有白色的协和飞机能进行超声速飞行，因为其他颜色的漆不适合长时间的高速飞行。

1966 年，罗尔斯·罗伊斯收购了布里斯托·西德利公司。新设计的飞机必须能够以 2.2 马赫左右的速度巡航，因为再慢的话，就无法在缩短航行时间这一方面吸引乘客乘坐该机，但要想达到更快的速度，对技术方面就提出了更大的挑战。

这一联合生产的产品被命名为"协和"，将英法两国的政治、工业水平和友谊推向了极致。从

发动机，到进气装置和发动机舱，再到材料和空气动力装置，每个阶段都充满了挑战。英国使用了 3 架专用的测试机——BAC221 试验机用来评估高速操作，HP.115 试验机用于低速测试，一架改装的火神轰炸机用于发动机测试。BAC 的样机由费尔雷德尔塔 2 样机改造而来，采用了下垂的机首，以扩大飞机起降时飞行员的视野范围。

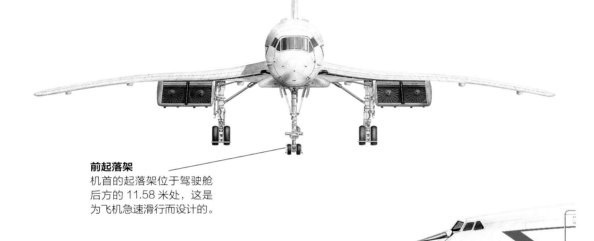

前起落架
机首的起落架位于驾驶舱后方的 11.58 米处，这是为飞机急速滑行而设计的。

下垂机首
飞行员可以降低机首来观察跑道和滑行道的情况。

超声速装备
在超声速模式下，飞机的压力中心后移，迫使机首绕重力中心向下旋转。协和飞机利用经过特殊处理的油箱，在油箱四周抽取燃油来削弱机首向下的趋势，因为这个趋势产生的力与飞机的升力相反，会导致上面的升降副翼偏向。

规格

类型	协和超音速客机
尺寸	翼展 25.6 米、机长 61.66 米、机高 12.20 米
最大起飞重量	185070 千克
动力装置	4 台 169.20 千牛推力奥林帕斯 593 Mk 610 加力式涡扇发动机
最大巡航速度	2.04 马赫
最大航程	6481 千米
使用升限	18 290 米
机组人员	3
乘客	131

尽管奥林帕斯 593 测试发动机在地面满功率运行时发生了爆炸，试验用火神轰炸机也因此烧毁，但是这 3 架飞机的试验都非常成功。

考虑到英国在发动机研发应用中的领先地位，法国南方飞机公司也把自身优势用于机身设计。但是双方仍存在基本的差别，包括设计航程的问题：法国希望制造短程飞机，而英国则需要一种越洋的远程飞机。最终，英国的方案胜出。1969 年年初，两架分别由英法两国制造的原型机都已经准备就绪，要进行试飞了。

法国南方飞机公司于 3 月 2 日率先推出了 001 飞机；4 月 9 日，英国飞机公司推出了 002 飞机。随后，协和式 01 和 02 相继出现，尽管声称是准备生产的机型，但实际上是作为原型机生产的。01 由英国制造，1971 年 12 月 17 日首飞；02 由法国制造，1973 年 1 月 10 日首飞。那时，法国南方飞机公司已经与法国北方飞机制造公司和弹道武器研究制造公司 SEREB 合并为法国宇航防务集团。

测试阶段

协和 01 和 02 随后进行了漫长的飞行测试。英法团队在期间面临许多挑战，而他们的苏联竞争对手在研发 TU-144 时也遇到了类似的困难。就在图波列夫正在研发满足苏联需求的飞机时，协和公司收到了来自本国客户——法国航空公司和英国海外航空公司的订单，但如果要赚回大量的研发费用并盈利，还需要吸引其他航空公司的大量订单。

随着测试接近尾声，包括美国泛美航空公司和环球航空公司在内的一些大型航空公司开始对协和飞机产生了兴趣，协和的盈利也逐渐增多。

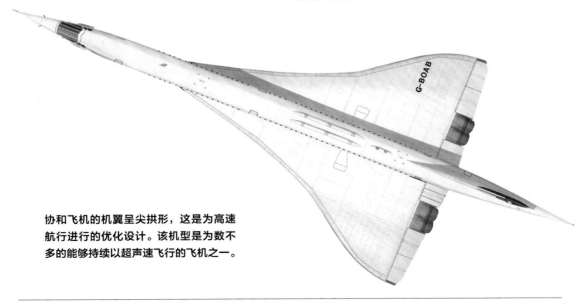

协和飞机的机翼呈尖拱形，这是为高速航行进行的优化设计。该机型是为数不多的能够持续以超声速飞行的飞机之一。

英国航空公司

英国航空公司是英国的载旗航空公司，它充分发挥了协和飞机的作用，开通协和定期航班，特别是像伦敦到纽约这样的重要航线。很多个人乘客经常乘坐协和飞机，他们中有商业领袖、富人和名人们，他们不想在飞越大西洋上花费太多时间；同时，他们也信任协和飞机。下图中这架协和飞机——G-BOAB，2000年在伦敦希斯罗机场退役。

美国的航空工业界对美国各航空公司购买协和飞机并没有什么反应，因为它们自己没有可以替代协和飞机的机型。当越来越多的人反对超声速飞机的飞行声爆时，尤其是在协和飞机停留或起飞的机场周围产生的声爆，美国制造商却火上浇油，让这个问题愈演愈烈。

此时，协和飞机被限制而不能以超声速飞行，这就从根本上限制了其横跨大西洋和太平洋的飞行，以及洲际高速巡航。即使不考虑环境因素，1973年爆发的石油危机造成油价暴涨——使用加力发动机也不再经济实惠了。

除了法国航空和英国海外航空以外，所有潜在运营商都对协和飞机丧失了兴趣。当时，协和飞机的订单少得可怜，但是这两家航空公司还是各订购

了7架。协和飞机共生产了20架，其中仅16架达到产品标准。如果把项目的巨大成本分摊在已交付的16架飞机上，就意味着协和项目无法收回成本。

1976年5月24日，英国海外航空公司与英国欧洲航空公司合并为英国航空公司，当时各家运营商刚开始将协和投入实际运营。

运营协和飞机的航司都曾努力为其机队提供资金保障，还提供超声速体验飞行，另外还有包租和其他服务可选，最终扭转了局面，开始盈利。但是这些盈利连研发成本的皮毛都不及。2000年，法航的一架协和飞机在巴黎起飞后不久便坠毁了。尽管英国航空进行了多方面改良以避免类似事故再次发生，但是法航没有再安排协和飞机服务计划，并于2003年取消了其协和机队。

麦道 DC-10 和 MD-11 (1970)

麦克唐纳·道格拉斯凭借 DC-10 进入宽体客机市场，但这款优秀的飞机却因一系列事故而一蹶不振。DC-10 的继任者——MD-11 未能按照约定的性能标准交付，但这两款飞机因改装成货运机而受到了关注。

像波音一样，道格拉斯在 CX-HLS 项目上也没有成功，因此渴望得到一点投资补偿。由于提出为军方研制 650 座运输机，该公司稍稍减少了放在商业市场上的精力。像洛克希德一样，它也开始致力于研究一款比 747 小的宽体客机。对于美国国内市场来说，250 座左右的飞机是比较理想的，这就迫使道格拉斯不得不与洛克希德"三星"客机正面竞争。

同时，严重的经济危机迫使道格拉斯开始寻找合作伙伴。1967 年 4 月 28 日，它与麦克唐纳

公司合并。1968 年 2 月，新的麦克唐纳·道格拉斯公司发布了 DC-10，而在此之前就已经签了 50 个订单。DC-10 是一款三发动机喷气式飞机，有一台发动机安装在垂直尾翼根部，进气口、发动机和排气口依次排列。这种改造的配置比带有"S"形进气道的三发动机喷气机和发动机安在后机身的机型（如波音 727 和 DC-9 客机）更利于发动机更换。DC-10-10 是 DC-10 系列的首个机型，该型第一架飞机于 1970 年 8 月 29 日首飞。它由 3 台通用电气 CF6 发动机提供动力。后来，

著名的全球包裹运送公司联邦快递（FedEx）是 DC-10 和 MD-11 货机的主要运营商。2014 年年末，其全球机队大约拥有 61 架 MD-10-10/30 和 64 架 MD-11。

尾部发动机
DC-10 的尾部发动机安装方式很特别，发动机前方采用了直进气道

N303FE

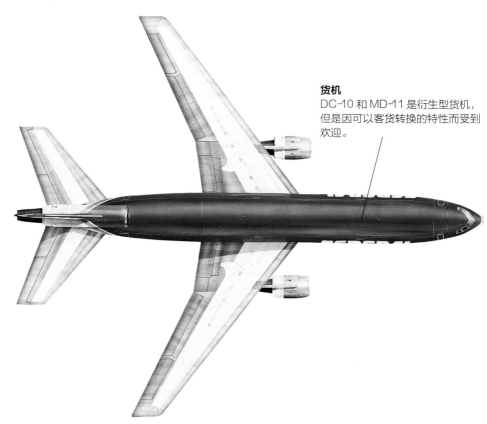

货机
DC-10 和 MD-11 是衍生型货机，但是因为可以客货转换的特性而受到欢迎。

美国空军 KC-10A "拓展者" 加油 / 货运机是基于 DC-10-30CF 制造的，荷兰皇家空军也接收了 2 架由前马丁航空的 DC-10-30CF 飞机改装的 KDC-10。

联邦快递公司
该机制造于 1973 年，在联邦快递一直运营到 2015 年。

联邦快递驾驶舱
美国联邦快递更新其 DC-10 机队，从而制造出了 MD-10，后者装备有类似于 MD-11 的电子飞行仪表系统驾驶舱。

在为美国国内航线陆续制造的 446 架飞机中，仅 42 架可更换发动机，美国西北航空的 DC-10-40 使用了普惠 JT9D-20 发动机，而日本航空则选择了 JT9D-59A 发动机。

在 1971 年 7 月 29 日的联合交付仪式上，美国航空和美国联合航空收到了第一批 DC-10-

英国金狮航空运营各式 DC-10-10 和 DC-10-30 飞机。上图中的飞机为 DC-10-30。

10 飞机。该型飞机最多可容纳 380 名乘客，每排 10 座，但是通常只会配置 250~300 个座位。该机一直生产到 1982 年，共生产 122 架，大部分交付给了美国航空公司。

接下来，麦克唐纳·道格拉斯生产了 DC-10-20。它按照美国西北航空公司的要求，为了与其 747 机队保持一致而安装了普惠发动机。DC-10-40 于 1972 年 2 月 28 日首飞并投入运营，尽管美国西北航空对其比较满意，但 JT9D-20 发动机不如 CF6D 强大。直到性能更佳的 JT9D-59A 可供使用时，DC-10-40 才拿到日本航空公司的订单，于 1976—1981 年间完成了订单交付。

长航程的成功

远程机 DC-10-30 是麦道在 DC-10 项目上取得的最大成功。DC-10-30 动力更强，最大起飞重量比原始机型高 40%，约 263 088 千克。此外，DC-10-30 系列在机翼下方中段增加了额外的主起落架，能够更好地分散飞机重量。这一改装机型于 1972 年 6 月 21 日完成了首飞。

规格（MD-11）

类型	远程客机
尺寸	翼展 51.66 米、机长 61.21 米、高 17.60 米
最大起飞重量	273 300 千克
动力装置	3 台 268.24 千牛推力普惠 PW4460 涡轮风扇发动机
最大巡航速度	932 千米 / 时
最大航程	13 358 千米
使用升限	9935 米
机组人员	2
乘客	单一等级客舱时最多载客 410 人

1972 年 12 月 15 日，瑞士航空公司开始用 DC-10-30 执飞跨大西洋航线，从而成为该型机最大的初始用户。瑞士航空只订购了 13 架，说明大多数航空公司倾向于仅采购少量 DC-10——麦道从未取得过波音 747 那样的大范围订单。1989 年，最后交付的第 266 架 DC-10-30 卖给了尼日利亚航空公司。

由于发动机连续出现问题，DC-10 运营几个月后被迫中断。在这些事故中，第一架飞机的发动机罢工了。1974 年 5 月，土耳其航空一架 DC-10-10 遭遇了舱门故障，在巴黎附近坠毁，346 人全部遇难。1979 年 6 月，美国航空一架 DC-10-10 在芝加哥奥黑尔机场起飞时左发动机脱落坠毁，整个飞机急剧下降。同年 11 月，新西兰航空的 DC-10-30 在一次观光航行中掉进了南极洲罗斯岛的埃里伯斯火山。

虽然只有土耳其的事故是由飞机自身缺陷造成的，但 DC-10 的名声已遭到了无法挽回的损毁。1989 年 7 月，美国航空的 DC-10-10 在艾奥瓦州苏城因发动机故障失事，DC-10 的名声一落千丈。

此外，DC-10 还有少量衍生型飞机，包括 DC-10-10CF 客货两用机、墨西哥航空的 DC-10-15、DC-10-30CF 客货两用机、DC-10-30AF 或 DC-10-30F 货机、航程扩展型 DC-10-30ER。除此之外，麦道公司还测试了一个"缩小版"的双发动机机型，用于和空客 A300 及 DC-10-60 加长型竞争，DC-10-60 加长型在命名为 MD-11 之前，被冠以 MD-100 和 MD-XX 的名称。

MD-11

在推出 DC-10 的最后一代机型后，麦道公司决定不再以传统的 DC（道格拉斯商用项目）命名各机型系列，想要建造一个新的"MD"标识。DC-10 的最后一代机型代表了基于 DC-10-60 系列的最高成就，但它因燃油费用增长而被认为过时了。

1982 年，麦道公司用 MD-100 替换了原设计，采用了最新的双人驾驶舱技术。它具备先进的空气动力学设计，提高了新发动机的经济性。与 DC-10-61 和 DC-10-63 加长型不同，MD-100 拥有正常的 DC-10 长度，但是 MD-100 仍然没有盈利。

当时，麦道公司提出 MD-XX 加长版，安装 CF6-80C2 或普惠 PW4000 发动机。1986 年 12 月 30 日，MD-11 系列正式发布。可是该型飞机虽然承诺很多，但很多都不成熟，所以到 1987 年年底，麦道公司仅收到 30 架航空公司的订单。

1990 年 1 月 10 日，MD-11 首飞，12 月 20 日开始为芬兰航空服务。随后，尽管接到了几个小订单，但是 MD-11 始终表现不佳。尽管机身制造商和发动机制造商努力改善其航程性能，却根本达不到设计指标要求。200 架 MD-11 中的最后 2 架是 MD-11F 货机，并于 2001 年 1 月交付给了德国汉莎航空货运。

洛克希德 L-1011 "三星" 客机（1970）

洛克希德公司曾制造过一种配置有三发动机的喷气式客机，但是由于财务困难，该型飞机的研发被迫推迟。而当远程"三星"客机研制出来时，大多数潜在客户已经在使用可与之匹敌的 DC-10-30 飞机了。

20 世纪 60 年代中期，美国的航空公司已经意识到可以设计一种 250 座的客机来执飞国内航线。1966 年，洛克希德公司便以此为基础，开始研发一种宽体飞机。到了 1968 年 4 月 1 日，洛克希德公司已经累计接到 144 架 L-1011 的订单，这些订单来自美国东方航空、环球航空在内的多家航空公司。然而，颇具讽刺意味的是，美国航空公司购入的是 DC-10 型飞机。

洛克希德公司本来打算将 L-1011 设计成双发动机飞机，但是由于设计机型变大，于是又加了一个尾部发动机，并选取了"三星"这个名字。公司还为三星客机配备了新设备。第一架 L-

1011 样机于 1970 年 11 月 16 日进行了试飞。该飞机装备了罗尔斯·罗伊斯 RB.211 发动机，运用了最新技术，且在整个生产过程中都处于发展前沿。但在早期阶段，洛克希德公司却陷入了困境。

C-5 银河运输机的开发成本超出了预算。这些开销，加上在"三星"客机上的巨额投资，洛克希德处于崩溃边缘。虽然美国政府继续给予客机项目资金支持，但随着许多员工被解雇，生产进度也急剧变慢。1971 年 2 月 4 日，洛克

三星客机是洛克希德公司设计的最后一款客机，随后它便致力于发展军用飞机了。

英国航空"三星"客机
英国欧洲航空公司先是订购了 9 架"三星"I 型客机，这些飞机于 1974 年 10 月份运至英国航空公司。随后，它又订购了 8 架"三星"200 型客机和 6 架"三星"500 型客机，并根据"三星"50 和"三星"100 标准做了调整。

客舱
英国航空公司的"三星"500客机通常会设置 18 个头等舱座位和 217 个经济舱座位。

远程改进
"三星"500 机翼或机身接缝上的整流罩是为了减少阻力而改进的。为了高效飞行，英国航空公司对翼梢也进行了加宽。

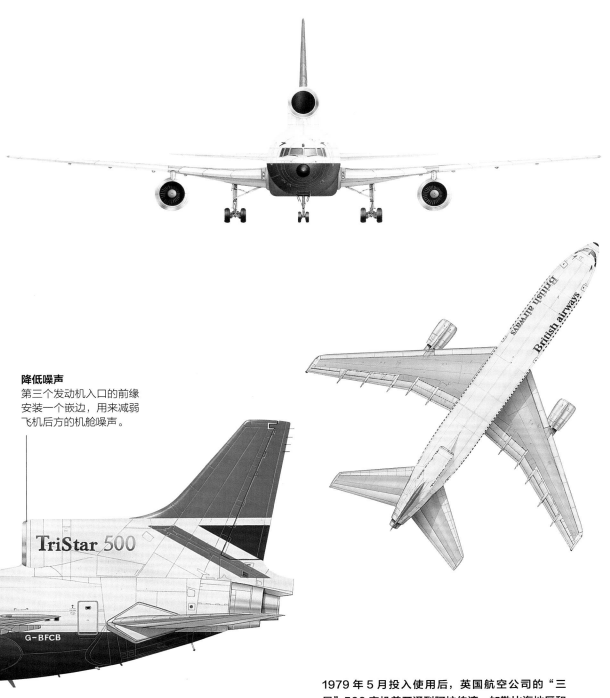

洛克希德 L-1011 "三星" 客机

降低噪声
第三个发动机入口的前缘
安装一个嵌边, 用来减弱
飞机后方的机舱噪声。

1979 年 5 月投入使用后, 英国航空公司的 "三
星" 500 客机曾开通到阿拉伯湾、加勒比海地区和
美国东海岸等地的几条短程航线。但这只是短期开
通, 因为英国航空公司在 1982 年把这些飞机卖给
了英国皇家空军, 以解决自身资金周转问题。

希德公司的情况进一步恶化。罗尔斯·罗伊斯公司此时也陷入了财政危机，而且"三星"客机在机身后方安装尾部发动机的设计，使得发动机也无法更换。

英国政府出手救下了罗尔斯·罗伊斯公司，而L-1011项目也得以继续，但这还是导致进程延迟，进而使订单减少。因此，当麦道公司售出了446架DC-10飞机时，洛克希德公司只卖出

N1011是典型的"三星"客机。它在项目机型过程中始终予以保留，承担了不同的试验台及试验角色。

了250架"三星"客机。美国东方航空公司在1972年5月拿到了第一架"三星"I飞机，并计划于5月9日投入使用，该飞机的销量最终超过了DC-10-10飞机的销量。

增加航程

随着"三星"客机开始投入航线服务，各航空公司不可避免地要求增加航程。为此，洛克希德公司的飞机改动以及衍生型飞机生产得令人眼花缭乱，而一些衍生型飞机甚至是用老机身改装的。I系列"三星"客机分三组生产，随着机身重量降低，每组的空机重量也不同。到了"三星"50改装机出现时，该系列飞机可以达到最大起飞重量。为了增加航程，"三星"100在"三星"I第三组客机的基础上增加了副油箱。"三星"100客机也进行了全新的改造。

"三星"150客机通过改造第1、2组"三星"飞机增加了航程，许多"三星"100客机安装了更为强劲的RB.211-524B或RB.211-524B4发动机来改善飞机在高温、高海拔情况下的性能，这已经达到了"三星"200型飞机的标准；有24架"三星"200型客机也是按照这样的标准生产的。"三星"250型飞机只生产了6架，全部是由第3组飞机改造而来的，与早期改造的飞机相比，

规格（三星 500）

类型	远程客机
尺寸	翼展 50.09 米、机长 50.05 米、机高 16.87 米
最大起飞重量	228 610 千克
动力装置	3 台 222.35 千牛推力的罗尔斯·罗伊斯 RB.211-524B 涡轮风扇式发动机
最大巡航速度	973 千米/时
最大载客量航程	9697 千米
最大使用升限	13 135 米
机组人员	3
乘客	单一等级客舱时最多载客 333 人

"三星"250型飞机增加了燃油容量和动力。这些飞机都是为达美航空生产的。

"三星"500型飞机机身更短，燃油容量更大，并配有主动控制副翼，是"三星"客机系列中航程最远的飞机。它可轻松跨过大西洋，适合为所谓的"长窄"航线服务，因为此类航线需要大型的远程客机，但远程客机通常载客量不足。

500系列是"三星"飞机项目高科技含量的代表。该系列引进了洛克希德公司的主动控制系统（ACS），它可以自动应对飞机动作和不稳定气流产生的空气动力载荷，比如可以偏转副翼来抵消这些影响。乘客的舒适度有所改善，机翼可以拆卸，这样就无须加强机身结构，还可以适用更长的翼尖。这些翼尖增加了飞机的展弦比，减少了航行阻力，节省了燃料。"三星"客机逐渐成为高效远程客机，但在1970—1971年期间，洛克希德和罗尔斯·罗伊斯公司接连面临破产，耽误了远程"三星"客机的研发。等到了远程洛克希德L-1011开始正式进入研发阶段时，DC-10-30飞机已经开始投入使用了；最后的"三星"500型飞机于1978年进入试飞阶段，而DC-10-30早在1972年就开始为跨大西洋的航线服务了。

"三星"500型飞机只生产了50架，最后一架于1983年10月进行了首飞。近来，随着拉斯维加斯金沙集团开始为沙特阿拉伯皇家航空提供服务，该机型现在已经被收入它的库房。但此机型的姊妹机仍然在服务。另外有一架"三星"客机也还在使用，轨道科学公司使用这架改装过的"三星"客机来进行飞马座火箭发射任务，并将其命名为"观星者"。英国皇家空军最常使用"三星"客机进行人员、油料运输，但也于2014年停止了使用这个机型。

静音客机

"三星"客机最鲜明特征就是噪声低——其噪声明显比波音747和麦道DC-10小，而洛克希德公司在销售中也充分利用了该优势。美国东方航空公司也把该机型的这一特点作为卖点，给L-1011s贴上了"静音客机"的标签。N301EA机型，就是量产的第二架"三星"飞机，1971年2月15日进行了首飞。经过一个阶段的飞行测试后，它于1973年3月交付东方航空。秘鲁航空的1架"三星"I型第1组飞机，于1998年停止使用。第1组飞机的编号是2-12号（空载运营重量114 624千克），第2组飞机是13-51号（空载运营重量112 220千克），第3组从52号一直编号到"三星"I型客机生产的最后一架飞机（空载运营重量108 864千克）。

空客 A300 和 A310 客机（1972）

凭借开创性的 A300 型客机，空客公司向外界，尤其是大洋彼岸的美国，证明了对空客公司的质疑都是错误的，而它也因此向美国在重型飞机市场的主导地位发起了挑战。而 A310 型客机的研制成功，也让欧洲人对其卓越表现更有信心。

彗星客机失败后，英国生产商无法预见英国国内航空公司的需求，但联合起来的欧洲成功解决了协和飞机的技术挑战，这为某个欧洲实体在将来某日挑战美国在大型喷气式飞机市场上的主导地位带来了一线希望。

欧洲的飞机制造商与他们大洋彼岸的同僚们得出来的结论非常一致，他们都意识到需要一种短途至中程宽体客机，能容纳 200~250 名乘客，这促使道格拉斯和洛克希德分别研制出了 DC-10 客机和三星客机。随后，由霍克·西德利公司、法国宝玑公司和诺德公司组成的欧洲团队开始进行新的设计。

新型号命名为 HBN100，其大部分却为传统构造，计划采用两台罗尔斯·罗伊斯涡轮风扇发动机。但是，1969 年 4 月 10 日英国退出 HBN100 后，罗尔斯·罗伊斯决定全力关注"三星"客机用的 RB211。尽管霍克·西德利公司最终作为分包商回归，但其已失去了潜在的领导地位。"欧洲空中客车"被用作了新项目名称，该设计和生产机构于 1970 年正式更名为"空中客车公司"。

放弃使用罗尔斯·罗伊斯发动机后，空客公司选择了与 DC-10 发动机总体相似的通用电气

驾驶舱

在当时，A310 驾驶舱具有革命性变化，它装有 6 块 16cm 见方的 CRT 屏幕，用于传送所有基本诊断信息和航行数据。

民主德国 IT 航空赫伯罗特公司于 1988 年 1 月收到了第一批 4 架 A310-200 客机。飞过 A300B4-200 后，该公司又购入了 4 架 A310-300 客机。

发动机

空客在 A310 上使用了美国的发动机技术，既可安装通用电气 CF6 发动机，又可安装普惠 JT9D 发动机，后来还可选装 PW4152，但不再提供普惠发动机。

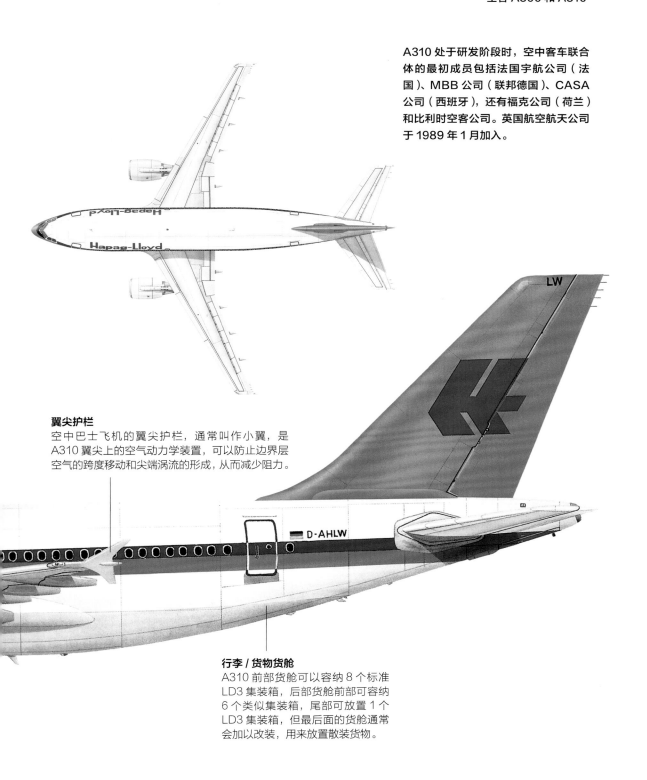

A310 处于研发阶段时，空中客车联合体的最初成员包括法国宇航公司（法国）、MBB 公司（联邦德国）、CASA 公司（西班牙），还有福克公司（荷兰）和比利时空客公司。英国航空航天公司于 1989 年 1 月加入。

翼尖护栏
空中巴士飞机的翼尖护栏，通常叫作小翼，是 A310 翼尖上的空气动力学装置，可以防止边界层空气的跨度移动和尖端涡流的形成，从而减少阻力。

D-AHLW

行李 / 货物货舱
A310 前部货舱可以容纳 8 个标准 LD3 集装箱，后部货舱前部可容纳 6 个类似集装箱，尾部可放置 1 个 LD3 集装箱，但最后面的货舱通常会加以改装，用来放置散装货物。

CF6-50 发动机，用作 A250 客机（后来更名为 A300B 客机，数字表示该型飞机的最大载客量）的动力。A300B 原本设定的航段长度为 2200 千米，但是其盈利航程却可以短至 650 千米。

尽管法国南方飞机公司在设计方面领先，但霍克·西德利主要负责设计先进机翼，该公司采用了一组比同时期的美国机翼更简易的高升力机

翼，以及极为高效的翼形断面。

建造空中客车飞机

在没有原型机的情况下，空客公司计划研制 4 架飞机。第 4 架 A300B1 可能会安装 RB211 发动机，形成生产周期以吸引英国欧洲航空公司下单，但最后这些飞机都采用了通用电气的发动机。然而这二者还是有所区别，因为法国航空公司想要一架增加 24 个座位的飞机，所以后两架飞机是按照 A300B2 的标准生产，机身加长了 2.65 米。

随后，法国航空公司下了第一笔 A300 的订单，只订购了 6 架 A300B4 飞机，并且考虑以后再订购 10 架。但是空客公司希望增加该型飞机的吸引力，便为其提供了 A300B4 客机。该飞机配有全新的翼舱及改进燃油系统，航程增加到 3700 千米，且很快就获得了西班牙伊比利亚航空的支持。伊比利亚航空于 1972 年 1 月 14 日首先订购了 6 架飞机。德国汉莎航空公司未能尽早提交订单，本想要订购容量小的 A300，但最后于 1973 年购入了 3 架 A300B2 和 4 架其他型号的飞机。

1972 年 9 月 28 日，第一架 A300B 与第二架协和式超声速喷气客机在图卢兹一同展出，后

规格（A310-300，PW4156A 发动机，最大重量）	
类型	中程客机
尺寸	翼展 43.89 米、机长 46.66 米、机高 15.8 米
最大起飞重量	164 000 千克
动力装置	2 台 249 千牛推力的普惠 PW4156A 涡轮风扇式发动机
远程巡航速度	0.8 马赫
最大载客量航程	9697 千米
最大航程	9630 千米
机组人员	2
乘客	单一等级客舱时最多载客 280 人

于 10 月 28 日首次试飞。1974 年 5 月 23 日，第一架 A300B2 在巴黎至伦敦航线上投入使用，在此之前，法国航空公司已经做了一系列测试及飞行演示。随着该机型逐渐投入使用，空客公司改进了其识别系统，常规重量型号带有 -100 后缀，重型的带有 -200 后缀。斯堪的纳维亚航空订购了搭载普惠 JT9D 发动机型的飞机，但收到的是 A300B-300 机型。

后来，客货两用以及运输机版本的 B4 相继出现，分别是 A300C4-200 和 A300F4-200，但是改装的 B2 和 B4 运输机生产得更多。最令人意想不到的是，空客公司研制了加长版的 A300B4-600，后来又命名为 A300-600，驾驶舱配置了新的电子飞行仪表系统，使用了减少拉力的翼尖挡流板，还做了其他一些更改，单班可载客 361 人。A300-600 系列于 1983 年 7 月 8 日首次试飞；随后在 1984 年 4 月，A300C4-600 也进行了首飞。1985 年前期，A300-600 系列已经在生产上取代了 A300B4，改变了该机型的销售前景，尤其是当空客研制出 A300-600R 时，根据美国航空公司的订单要求，该机型于 1987 年 12 月 9 日首次试飞。

同样，通用货机 A300-600F 也改变了 A300 系列运输机的命运，受到了联邦快递（FedEX）的青睐，在 1993 年 12 月 2 日首飞之后，于 1994 年 4 月 27 日投入使用。同时，空客公司也在研制一种更小型的 A300B10，使用了新的机翼和缩短了的机身，成为 A310 系列。A300/A310 生产线的最后一架飞机是联邦快递订购的 A300-600F 系列，于 2007 年 7 月交付使用。

A310

虽然 A300B10 在生产时型号变更为 A310，但实际上，它相当于 A300 的缩短版，并且配备了英国航空航天飞机公司（BAe）新设计的机翼，气动性能更好。英国飞机公司后来也加入了空客项目研发团队，获得了 MBB 公司、福克公司和已经开始机翼设计工作的法国宇航公司的投资。A310 前端配置了双人电子飞行仪表系统驾驶舱，机尾和发动机吊架装置也进行了改良。与 A300 相比，A310 经过优化后更适于远程飞行和低乘客载荷，这得益于其独特的机翼设计，它也被认定为同时期最高效的客机。A310 飞机在 A300 生产线上进行组装，这两种机型具备共性。1982 年，A310 首次试飞，其衍生型飞机可选择搭载不同的发动机，还可以增加重量及航程。最后一架 A310-300 配有 1 个横尾翼燃料箱（A300-600R 也有类似的装置），最大载荷航程可达 8300 千米。

加拿大德·哈维兰 DHC-7 "冲 7" 飞机（1975）

利用制造短距起降飞机的经验，加拿大德·哈维兰公司研制出了一款性能卓越的涡轮螺旋桨客机。"冲 7"不但满足了细分市场的要求，还创建了一种全新的运营风格。

第二次世界大战之后，加拿大德·哈维兰（DHC）公司忙于生产短距起降、性能卓越的系列飞机。它将目标定位于民用飞机市场，而单发动机 DHC-1"河狸"和 DHC-3"水獭"就是第一批此类短距起降飞机。德·哈维兰公司受后者启发，研制出了 DHC-6"双水獭"双发动机涡轮螺旋桨飞机，尽管此型飞机只有 19 座，但这标志着德·哈维兰公司正式进入客机市场。

加拿大德·哈维兰公司意识到，随着运营 DHC-6 的航空公司运力增加，无论继续运营"双水獭"还是更换飞机，这些航空公司都需要更大型的飞机。但是，由于这些公司在小机场运营，要么难以获取传统飞机，要么当时可用的大型涡轮螺旋桨飞机，比如福克 F27，不适于在小机场

发动机
"冲 7"的两台 PT6A-50 涡轮螺旋桨发动机都采用 4 叶"汉密尔顿标准"24PF 螺旋桨。

高机翼
DHC-7 的高机翼使螺旋桨和发动机吸气管道不会受异物损害，还可使机身更接近地面，而不用机场地勤服务。

乘客舱位
标准舱位 50 个，但是高密度布局可以容纳 56 人。

起降。于是，德·哈维兰着手制造一款大型涡轮螺旋桨飞机，以满足这类航空公司的需求。

这款新型飞机以采用普惠 PT6A-20 为动力的"双水獭"飞机为基础，加大机体，扩充载客量至 50 人，采用 4 台动力更为强劲的 PT6A-50 发动机。这款飞机型号命名为 DHC-7，称为"冲 7"。经过优化，它的飞行时间约为 1 小时，起飞距离仅为 689 米，而降落距离不超过 594 米。另外，它的噪声还很低。靠着起降距离短、噪声低，"冲 7"开创了机场运营新风尚。

"冲 7"的高弦展比机翼使它具备优越的巡航性能，而螺旋桨洗流加快了机翼和襟翼上气流速度，从而增大了升力。通过抬升机翼扰流器、设定地面小桨距以及采用机轮刹车装置，"冲 7"可以在降落时迅速停止，而仅仅改变桨距就能提升约 90% 的机翼升力。

飞机载油量
尽管燃料存于飞机两侧的机翼油箱中，但是加油仍必须通过机身后部下方的加油口。

"冲 7"服役
"冲 7"最初有两种衍生型：一是 100 系列，二是 150 系列。而 101 系列和 151 系列是上述两种飞机的货运衍生机型。150/151 系列重量更大、载油量也更多。

在英国，布莱蒙航空公司是 DHC-7 的主要运营商。由于 DHC-7 能够在短跑道上起降，它在设立伦敦城市机场方面居功甚伟。

入役

　　1975 年 3 月 27 日，加拿大德·哈维兰公司的新型螺旋桨飞机首飞，而该机的设计工作始于 1972 年。1977 年 4 月 19 日，该机型号得到加拿大运输部批准，而就在当年年底，总部设在美国科罗拉多州的丹佛落基山航空就将其订购的"冲 7"飞机投入了使用。该型飞机的早期运营商们阐明了该机性能的重要性，因为在接收 DHC-7 之前，格陵兰航空使用西科斯基 S-61 直升机提供运营服务。

　　在细分市场中，"冲 7"的一个卖点就是短距起降，而德·哈维兰公司将之发挥到了极致。它推出了独立通道降落系统，通过该系统，"冲 7"飞机可以在机场短跑道上进行短距起降，而其他型号的飞机却不能在如此短的跑道上起飞和降落。兰萨姆航空公司（Ransome Airlines）在纽约和华盛顿的机场、金西航空公司（Golden West Airways）在旧金山机场、梅尔斯克航空公司在哥本哈根机场等都采用了这套降落系统系统。但是，"冲 7"是在世界城市中心机场真正改变了游戏规则：只要之前曾有过直升机、小型商务机以及通用航空器的机场，现在都可以开通"冲 7"航线服务。该型飞机由于噪声小，因此迅速减轻

规格（DHC-7 冲 7 系列 100）

类型	短程短距起降客机
尺寸	翼展 28.35 米、机长 24.59 米、机高 7.98 米
最大起飞重量	19 958 千克
动力装置	2 台 1120 马力普惠加拿大 PT6A-50 涡轮螺旋桨发动机
最大巡航速度	431 千米 / 时
2948 千克荷载下航程	2180 千米
最大巡航高度	7000 千米
机组人员	2
乘客	单一等级客舱时最多载客 56 人

了人们对噪声污染的担心，人们在芝加哥梅格斯机场做过多次测试，"冲7"发动机的声音在正常道路交通噪声的背景里都不易听到。短距起降功能可以满足城市机场飞机急速起降的需求，而且对机场跑道空间的要求最低。

因此，"冲7"就成为蒙特利尔和多伦多城市机场得以扩编的机型。而更重要的是，作为一项交易条件，它促使英国政府批准在伦敦码头区开发伦敦城市机场。"冲7"运营商布莱蒙航空与开发商约翰·莫勒姆合作，基于DHC-7运营能力推进机场建设，使之运营安全、噪声最低，而这些条件已被内陆城市机场广泛接受。

"冲7"飞机量产114架，生产线于1988年关闭；但是在2015年，仍有几十架军用和民用的"冲7"飞机还在服役。这些公司的"冲7"机队现时服役机场的复杂条件与其最初设计目标一致，而且现在还看不到"冲7"替代飞机的出现。

"冲7"遗产

"冲7"的历史始终都和多伦多联系在一起，因为德·哈维兰在其附近的 Downsview 建立了 DHC-7 生产线。后来，该机在多伦多比利主教机场开始了全航线运营，就在离安大略湖不远的地方。"冲7"的继任者"冲8"和"投弹手"随后成为比利主教机场运营的主力，而"投弹手"C 系列很有可能继承这一传统。

波音 767（1981）

空客 A300 在欧洲市场取得了成功，这出乎美国制造商意料。此后，在中程、宽体和双喷气发动机市场上，波音飞机紧随空客公司展开研发。其中，波音 767 飞机无论在商用还是军用领域，表现都非常杰出。

波音公司起初打算将中程宽体飞机市场让与洛克希德和麦道公司。由于紧跟当时的美国潮流，波音公司也不认为空客公司的发展会威胁到自己的地位。但欧洲飞机制造商研制的 A300 一炮而红，震惊了世界。

空客公司研制的 A300 远程客机自然而然地取代了老式的三星飞机、DC-10 客机和在役的洲际波音 707 机型。因洛克希德和麦道均无法与空客竞争，所以波音公司势必要研制出一架属于自己的中程宽体机。事实上，波音公司也一直在尝试开发一款双喷气发动机配置的机型，编号为 7×7。

1978 年 6 月，在否定了多个激进的方案后，

波音公司最终宣布了 767 飞机方案，同时问世的还有欧洲的空客 A310。由此可见，在民用航空领域，欧洲遥遥领先。

初看波音 767，外形十分类似空客 A300，因此有评论称，波音公司借鉴了其欧洲对手在高科技上的先锋做法，但仔细查看就可发现，波音 767 显示了美式喷气式飞机与众不同的发展方向。

相比空客 A300，波音 767 的机身更窄，受到的阻力更小，但客舱八连座的设计对乘客来说

塞舌尔航空于 1989 年接收 S7-AAS 机型，命名为阿尔达布拉（Aldabra）—后来又改名为阿尔达布拉岛（Isle of Aldabra）。

载客量
767-200 共设 3 个客舱，额定载客量为 224人。全经济舱机型可容纳 290 人。

动力装置
传统上，只有在客户有要求时，制造商才会为飞机配置可更换的发动机，但空客 A300 和波音767 从一开始就可根据客户的要求选择发动机。

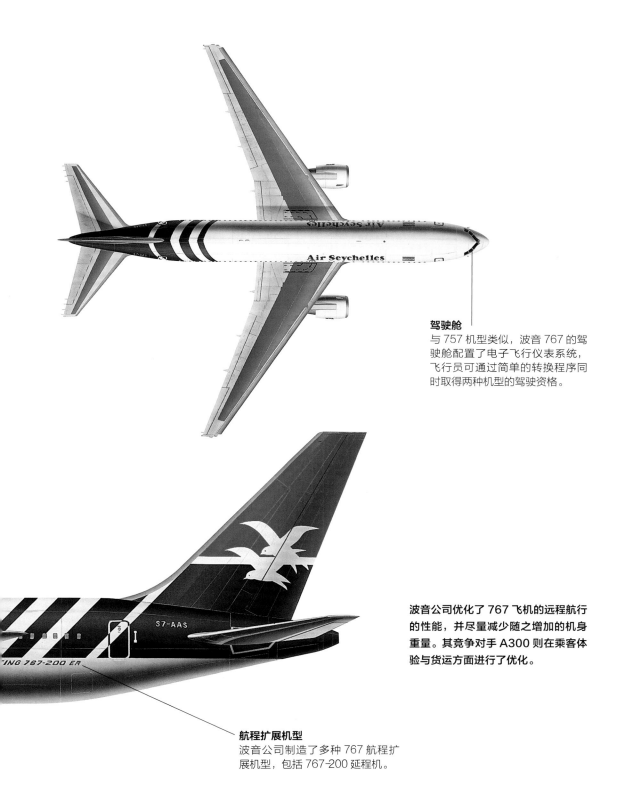

驾驶舱
与 757 机型类似，波音 767 的驾驶舱配置了电子飞行仪表系统，飞行员可通过简单的转换程序同时取得两种机型的驾驶资格。

波音公司优化了 767 飞机的远程航行的性能，并尽量减少随之增加的机身重量。其竞争对手 A300 则在乘客体验与货运方面进行了优化。

航程扩展机型
波音公司制造了多种 767 航程扩展机型，包括 767-200 延程机。

过于拥挤，不如空客飞机的设计舒适。波音 767 上也无法荷载标准货运箱。但另一方面，767 的机翼更宽大，不仅可以实现远程飞行，还为其加长机身及增加起飞重量提供了条件。

波音767销售

自快帆运输机问世以来，少数欧洲的喷气式客机开始与美国的客运航空公司合作，但空客 A300 受到了空前的欢迎。波音公司虽仍可在传统的美国国内市场上获得订单，但空客的销售员打来电话后，波音公司最大的客户毫不犹豫地选择了 A300。波音的老客户——美国东方航空和泛美航空就选择了空客。但波音还是获取了一些重要订单，如美国联合航空订购了 30 架波音飞机，促使 767 机型在 1978 年 7 月 14 日宣告问世。

起初，波音 767 有通用电气 CF6 与普惠 JT9D 两种发动机可供选择。配置了普惠发动机的 767 飞机在 1981 年 9 月 26 日首飞，配置了通用电气发动机的 767 飞机在 1982 年 7 月 30 日完成了处女航。同年 8 月 19 日，美国联合航空订购了第一批以普惠 JT9D 为动力装置的 767 飞机。早期的 767-200s 机型表现出的高效使得波音公司开始探索这一机型的发展潜力，制造了 767-200ER 机型，并提供了具有不同的机体重量的机型。对比基本机型 6000 千米的总航程，这一机型的最大航程可达 12 611 千米。与空客 A310 类似，767-200ER 更适合大城市间的长距离航线，它的航程也更长。

波音做出的下一步优化是增强飞机性能，因此将机身加长了 6.42 米，由此诞生了 767-300 飞机。767-300 于 1986 年 1 月 30 日首飞，同年 9 月 25 日交付日本航空公司（JAL）投入使用。此机型最初的动力装置为 CF6 和 JT9D，但

规格（767-200，JT9D-7R4D 发动机）	
类型	中程客机
尺寸	翼展 47.57 米、机长 48.51 米、机高 15.85 米
最大起飞重量	136 080 千克
动力装置	2 台 213.51 千牛推力普惠 JT9D-7R4D 涡轮风扇发动机
最大速度	914 千米/时
设计航程	5852 千米
使用升限	11 950 米
机组人员	2
乘客	单一等级客舱时最多载客 290 人

随后更换为普惠 PW4000 发动机，后又增加了罗尔斯·罗伊斯 RB211-524H 发动机，767-300ER 机型随之诞生，该机型提供了最大起飞重量，并于 1986 年 11 月 9 日首飞。

波音巧妙地通过提升里程与性能来优化 767 飞机的设计，但此时，空客公司已经在研发 A300 与 A310 的替代机型了，并研制出了一对有趣的关联机——A330 飞机和 A340 飞机。作为回应，美国制造商研制了波音 767-400 机型，但市场反应并不热烈。直至 2015 年，波音 767 飞机依然作为大型客机进行生产，但最流行的还是 767-300ER 型飞机。

运输机与空中加油机

波音公司想要开发 767 的其他潜能。767-300F 作为一个优秀的运输机机型，1993 年 1 月为满足美国电力转换公司的 60 架订单而宣告问世，并于 1995 年 10 月首次交付。继波音 707 机身成为美国 E-3 预警机的架构并完成生产后，767 也被日本选作平台，用于研制装有空中预警与控制系统（AWACS）的飞机。其后，日本生产了 KC-767 空中加油机。波音还为美国空军开发了 KC-46A 空中加油机与运输机，当时计划在 2016 年年初交付第一批产品。

波音767-400ER

波音 767-400ER 是波音公司研发的中远程飞机，于 1999 年 10 月 5 日首飞，它拓展了波音 767-300 的功能，比波音 767-300ER 的燃料容量更大。此机型引进了独特的省油倾斜翼梢，后来也用于一些波音 777 机型中。同时，波音公司将波音 767-400ER 作为远程 DC-10 机和"三星"机的替代机型进行了优化，并让其在欧洲市场上代替 A300-600、A310 和 MD-11 与空客 A330 进行了正面交锋。

波音在 767-400ER 系列中投入巨大，但结果却并不乐观。它仅售出了 38 架飞机，其中包括达美航空订购的 21 架、大陆航空订购的 16 架及私人客户订购的 1 架。

BAe146 和阿弗罗 RJ 客机（1981）

经过长期试验与研发，霍克·西德利 HS.146 飞机最终以 BAe 146 的名称出现在公众视野中，并一度给英国的飞机制造业带来了起色。作为阿弗罗（Avro）RJ 重新研发后，该系列成为英国销量最好的喷气式客机。

经过多年的概念界定，1973 年，霍克·西德利公司宣布一架全新的、可载客 93 人的喷气式飞机问世。该飞机在条件简陋的机场或还未完全建成的机场，都可以进行短距起降。该机的另一特点是噪声低，这对在城市中的短跑道起降尤为重要，这是因为在当时，飞机噪声被认为是重大问题。

该机型被命名为 HS.146，配置了 4 台莱康明 ALF502 涡轮风扇发动机，其低油耗、低噪声的特点满足了该机型的性能需要，在当时没有任何发动机可以做到这一点。该飞机的上单翼没有

加宽，而是变窄了；巨大的后缘副翼可以产生最大的升力；因为后掠角适中，飞机前缘并不需要辅助襟翼。上述改变让设计变得简单，也有效减轻了飞机重量。

HS.146 上单翼的结构使机身贴近地面，尤其是在安装了登机梯的情况下，更加适合设施不完善的机场。HS.146 还安装了宽距的主起落架以达到最佳稳定性。

通常来讲，陡峭的进入角是降落时的一大难题，但安装在 HS.146 机身后部的分离式减速板

146 作为专为美国枢纽机场设计的支线班机，受到了广泛欢迎。PAW 航空将 146-200 出租给了美国大陆捷运航空公司运营。

主起落架
BAe146 在机身中心安装了可伸缩的主起落架，需要整流罩来将其完全覆盖，它的轮距比洛克希德 C-130 "大力神"运输机的大。

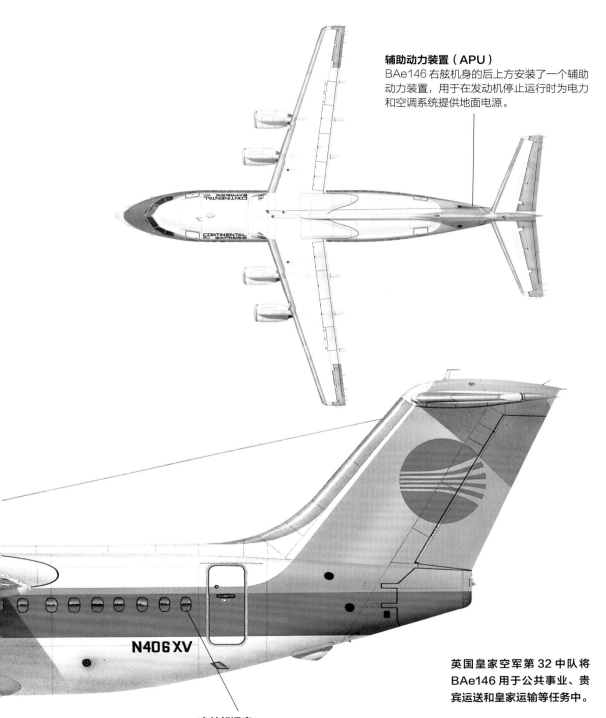

辅助动力装置（APU）
BAe146 右舷机身的后上方安装了一个辅助
动力装置，用于在发动机停止运行时为电力
和空调系统提供地面电源。

客舱舒适度
霍克 · 西德利公司将乘客的舒适度作为首要
考虑因素，旨在提供以波音 747 为标准的客舱
条件。因此，它为 BAe146 设计了宽敞的客舱，
并在初期的模型中使用了波音 747 的座椅。

英国皇家空军第 32 中队将
BAe146 用于公共事业、贵
宾运送和皇家运输等任务中。

可以有效控制速度；再加上扰流器和强大的机轮制动装置，不仅不需要安装反推力装置，而且减少了机身重量和复杂性。横尾翼装在安定翼较高的位置上，可以有效清理射流，在机外发动机发生故障、飞机低速行驶时，可保证航向稳定性。

起起落落

尽管英国政府投入了 9200 万英镑的资金，HS.146 计划还是很快陷入了困境。投资者们担心霍克·西德利的发展，尤其是收归国有的英国

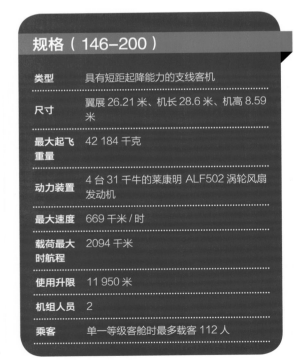

规格（146-200）

类型	具有短距起降能力的支线客机
尺寸	翼展 26.21 米、机长 28.6 米、机高 8.59 米
最大起飞重量	42 184 千克
动力装置	4 台 31 千牛的莱康明 ALF502 涡轮风扇发动机
最大速度	669 千米 / 时
载荷最大时航程	2094 千米
使用升限	11 950 米
机组人员	2
乘客	单一等级客舱时最多载客 112 人

航空航天公司（BAe）的前景——BAe 公司是英国政府通过合并霍克·西德利和英国宇航公司而建立起来的。虽然在哈特菲尔德的员工工作热情高涨，完成了大部分的研发工作，也因此保留了一部分资金，但 1974 年 10 月，HS.146 项目还是被取消了。

1977 年，当英国航空航天公司（BAe）在推出 HS.146 后，又重新发现了这款极具市场潜力的机型，因此 1978 年 7 月 10 日，该项目在政府的支持下又再次启动。BAe146-100 的原型机终于在 1981 年 9 月 3 日进行了首飞。1983 年 5 月 27 日，该机型在丹纳尔航空公司投入使用，为英国—因斯布鲁克航线服务，在此之前，奥地利的机场从未使用过喷气式飞机。

对 20 世纪 80 年代崛起的跑道距离短、起降要求高的城市机场来说，BAe146 机型无疑是个理想的选择——BAe146-100 完全可以满足这些要求。而对于已经在这些机场建立了航线的航空公司来说，它们可以把以"冲 7"为代表的涡轮螺旋桨飞机换成喷气式飞机。

BAe146系列

随着 BAe146-100 逐渐投入使用，一些航空公司表示愿意在飞机的短距起降性能上做出让步，以增加乘客座位。加长型的 BAe146-200

于 1982 年 8 月 1 日完成了首飞，很快就代替了 BAe146-100 系列。BAe146-200 系列可载客约 100 人，在威斯康星航空公司首先投入使用。BAe146 客舱宽敞，可以每排放置 6 个座位。

当太平洋西南航空公司开始广泛使用 BAe146 系列机型时，它发现对于习惯了宽敞座位的加利福尼亚州乘客来说，BAe146 的客舱有些拥挤。因此公司被迫将载客量减到 90 人以下。

英国航空航天公司（BAe）因此再次加长机身，研制出 BAe146-300 机型，其长度达 30.99 米的机身可容纳 103 个乘客，每排可坐 5 名乘客。

这三种 BAe146 系列机型都可在伦敦城市机场使用，BAe146-100 系列已经证明了在城市机场运营喷气式飞机的可行性。在 BAe146 停产、更先进的阿弗罗 RJ 客机出现之前，它们为 BAe146QT 运输机和 146-QC 的研制奠定了基础。

阿弗罗·R.J 客机

20 世纪 90 年代期间，英国航空航天公司在其靠近曼彻斯特的伍德福德工厂完成了 BAe146 机型的生产，并重新使用了阿弗罗这个名字。伍德福德此前已经生产了 BAe146 飞机，并于 1988 年试飞，但是现在它要生产出一种升级版的机型，并取名为阿弗罗 RJ。RJ 系列配置了带有电子飞行系统的驾驶员舱和更强大的联信发动机（替代了莱康明），后来又换成了霍尼韦尔 LF507 发动机。RJ70 就相当于 BAe146-100 机型，RJ85 和 RJ100 分别等同于 BAe146-200 和 BAe146-300 系列，而 RJ115 则相当于重量更大的 RJ100。

RJ85 是 RJ 系列的第一款飞机，于 1992 年 3 月 23 日完成了首飞。第一架量产 RJ100 于 1994 年 4 月 2 日交付给了十字航空。RJ 系列为 BAe146 机型配置了现代化系统后，销量很高，但是英国航太系统公司（1999 年 11 月 30 日，英国航空航天公司与马可尼电子系统公司合并为英国宇航系统公司）在研制了 3 架新的 RJX 系列飞机后，并没有继续更新。

波音 757（1982）

在美国制造商宣布波音 757 将替代老化的波音 727 机型，成为空客 A321 的竞争者时，空客与波音这对冤家再次聚首。新型的波音 757 双发喷气机为航空公司提供了意想不到的高效服务，展现了其杰出的远程航行能力。

20 世纪 70 年代初，波音致力于研发 727 中短程三发喷气机的替代机型。期间，空客 A300 的出现，为此项目的推进添加了新动力。1976 年，替代机型编号定为 7N7。工程师的许多想法，诸如重装发动机、加长 727 机身等相继被否定。最终，7N7 在机翼下安装了一对全新的高涵道比涡轮风扇发动机，还配置了 T 形机尾。

波音公司发现，7N7 机型的更新换代会非常受欢迎，因此便采用新的罗尔斯·罗伊斯 RB211-524 发动机作为主要动力装置。1979 年，嵌入后机身的水平尾翼代替了原有的 T 形机尾设计。驾驶舱和机首部位沿用了 767 机型的设计，但其狭窄的机身与波音 707、波音 727 和波音 737 机型十分类似。

英国航空公司和美国东方航空公司在 1978 年 8 月 31 日同时下达了试飞命令。英国航空公司特别热衷于与罗尔斯·罗伊斯公司合作。事实上，这两家英国公司在努力说服本国航空企业制造波音 757 的机翼，而不是支持空客。这一尝试最终失败了。虽然罗尔斯·罗伊斯公司从未提供过 A300 与 A310 的发动机，但英国航空公司随后也购买了空客 A320 系列的飞机。

摩洛哥皇家航空公司于 1986 年拿到了第一对 757-200 飞机。该公司自 1970 年使用 727 机型以来，就一直是波音飞机的忠实客户。

生产商
多家分包商对波音 757 做出了贡献，其中最重要的是提供后方机身的诺斯洛普·格鲁门公司。LTV 公司负责用传统合金制造垂直尾翼，肖茨公司和 CASA 公司则分别负责制造内侧和外侧襟翼。

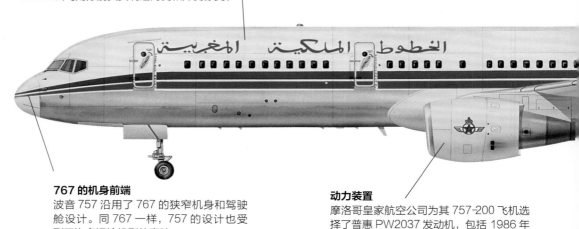

767 的机身前端
波音 757 沿用了 767 的狭窄机身和驾驶舱设计。同 767 一样，757 的设计也受到了许多运输机型的青睐。

动力装置
摩洛哥皇家航空公司为其 757-200 飞机选择了普惠 PW2037 发动机，包括 1986 年直接从波音公司租赁的 CN-RMT。

碳复合材料
升降舵、方向舵、副翼、襟翼、缝翼和扰流板组件上都使用了轻质的复合材料。

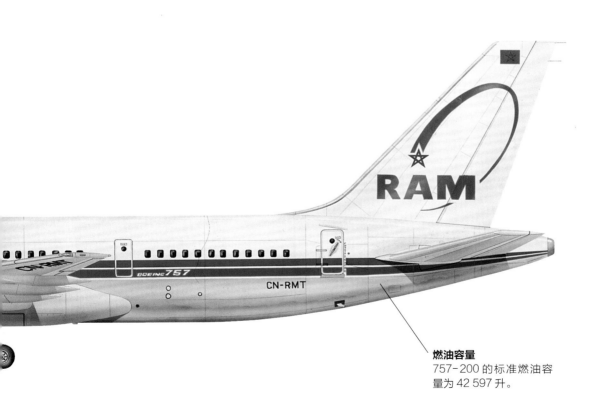

燃油容量
757-200 的标准燃油容量为 42 597 升。

波音757的特性

经历最初的签约后，波音 757 的"订单荒"一直延续到 1980 年 4 月，期间只有阿罗哈航空（美国一家航空公司）和泛巴航空订购了 3 架飞机。这两家公司选择的是一种新型的 CF6 衍生发动机机型，该机型由通用电气和瑞典沃尔沃公司合作开发，以 CF6-32 命名。同年 11 月，泛美

尼泊尔航空公司曾使用过 9 架不同型号的 757-200，包括 1988 年 9 月交付的 9M-ACA。

航空订购了 60 架配置了普惠 PW2037 发动机的 757，而 PW2037 被其制造商称为世界上最高效的涡轮风扇发动机。

美国航空公司紧接着也订购了搭载普惠 PW2037 发动机的波音 757。在美国通用电气召回了 CF6-32 之后，阿罗哈航空和泛巴航空公司也不得不使用普惠发动机。第一架波音 757 配置了罗尔斯·罗伊斯 RB211-535C 发动机，其卓越的性能在 1982 年 1 月 13 日的处女航中展露无遗。波音 757 结合了最新的技术和设计理念，有效替代了波音 727 机型，也成为 A300 的有力竞争者，但并未像 727 和 747 那样展开全面革新。与 767 类似，757 的驾驶舱也配备了电子飞行信息系统和全面的机械备份。虽然 757 引进了一些新型导航设备和石墨复合材料，但整体风格还是传统的。波音 757 于 1983 年 1 月 1 日在美国东方航空正式投入使用，后于 2 月 9 日在欧洲上线，服务于英国航空公司。

波音 757 最惊喜的配置就是罗尔斯·罗伊斯发动机了。事实证明，它比其他商用发动机都更高效，几乎没有出现过因故障而拆除的问题。RB211 发动机的高性能也使 757 的最大航程从预

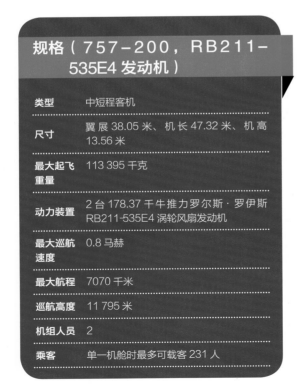

规格（757-200，RB211-535E4 发动机）	
类型	中短程客机
尺寸	翼展 38.05 米、机长 47.32 米、机高 13.56 米
最大起飞重量	113 395 千克
动力装置	2 台 178.37 千牛推力罗尔斯·罗伊斯 RB211-535E4 涡轮风扇发动机
最大巡航速度	0.8 马赫
最大航程	7070 千米
巡航高度	11 795 米
机组人员	2
乘客	单一机舱时最多可载客 231 人

计的 3700 千米提升至 7080 千米。其后，数十家航空公司利用其远程航行的性能，在许多长程点对点航线中使用了 757 机型，甚至有的航线横跨了太平洋。经过小机翼改装后，757 在此类航线中的表现更为突出。

波音757的发展

波音公司希望在波音 757 的基础上生产出不同机长、不同配置的机型。但自 757 投入使用后，波音只着眼于 757-200 的开发，并提供了普惠及罗尔斯·罗伊斯两种发动机配置。在美国国内市场中，此机型的销量十分可观。无论航程长短，757 都表现出了超强的性能。但有一些潜在客户，特别是欧洲客户，指出 757 的性能不足以完全发挥其远程优势。这些航空公司希望飞机在保持高效运行的基础上增加载客量，由此减少因远程服务而产生的人工服务成本并提高航空公司的收入。

当远程飞行的空客 A321 的问世满足了欧洲潜在客户的要求时，波音也于 1996 年宣布 757-300 诞生。此机型机长增加了 7.1 米，全经济舱可载客 289 人。德国航空市场专家孔多尔作为发起用户，于 1996 年 9 月 2 日订购了 12 架 757-300。1998 年 8 月 2 日，757-300 首飞。孔多尔在 1999 年 3 月 10 日购下了首飞的飞机。但其后，757-300 销售惨淡，并在交付了 55 架后停产。截至 2005 年 11 月 28 日，757 系列所有飞机生产完毕，共交付 1049 架。

波音757服役情况

美国西部航空公司是美国国内航空运营商的典型代表，也广泛使用了波音 757。在 1987 年 12 月至 1989 年 11 月间，该公司购置了 4 架全新的 757-200，还额外租赁了几架。美国航空是 757 系列主要的美国客户，它共购置了 126 架 757-200。另外，泛美航空购买了 116 架，美国联合航空购置了包括 9 架 757-300 在内的 148 架波音飞机。

在欧洲，英国航空是最大客户，购置了 50 架，并于 1999 年 6 月 11 日买下了最后一架 757-200。在全球范围内，波音 757 受到了信息技术工作者和包机服务运营商的一致好评。

如今，波音公司用 737-900 和 737-900ER 机型取代了波音 757。在全经济舱情况下，这两种机型可容纳 220 名乘客，但航程缩短了。

一些运营商还建议波音公司推出一款真正的 757 替代机型。

萨博 340 和萨博 2000（1983）

萨博公司和美国仙童公司共同生产了 SF340 涡轮螺旋桨飞机，之后开始独立研发改进版萨博 340B 和高性能的萨博 2000。尽管当时第一批支线飞机的销售情况并不理想，但萨博 2000 仍然是很受欢迎的一款机型。

由于计划进入支线涡轮螺旋桨飞机市场，瑞典萨博公司意识到，需要一个外国伙伴来分担开发和销售这样一款飞机的财政负担。萨博公司尤其希望与美国的公司合作，因此在 1979 年 6 月，它与美国仙童公司草签了一份合同，规定萨博公司的工程师和其美国同事在纽约的仙童长岛上共同工作。

瑞典人已经设计出了民用和军用的上单翼飞机——萨博 1084，后来有人建议改良该机型，只做商用的下单翼飞机，载客量可达 35~37 人。它采用最新机身、航空电子技术和喷气推进技术，尽力达到最佳操控性和经济性。

虽然飞机的主要结构使用了金属材料，但萨博仍在考虑使用重量更轻的复合型材料。同时，用黏合剂代替铆钉的做法进一步减轻了机身重量。先进机翼产生的阻力极小，每侧机翼上都配置了一台 1700 马力的通用电气 CT7 发动机和四叶复合材料的螺旋桨。在仙童和萨博设计师们的巨大投入下，一架有着传统飞机的外观，被命名为萨博 - 仙童 340A 的飞机诞生了。

巴尔港航空（Bar Harbor）运营的萨博飞机涂装了大陆捷运的航班颜色，将乘客运送到干线机场。

乘客座位
萨博 340 通常可以载客 37 人，有 12 排座位，每排可坐 3 人；还有一个座位在客舱到右舷前方的位置，面朝机尾。

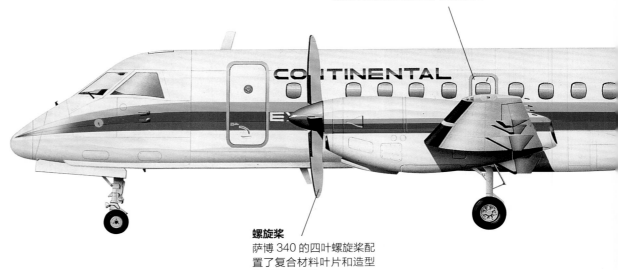

螺旋桨
萨博 340 的四叶螺旋桨配置了复合材料叶片和造型优雅的整流罩。

这架萨博 340A 制造于仙童成为萨博分包商后，1986 年交付。两家公司曾共同承担该项目。

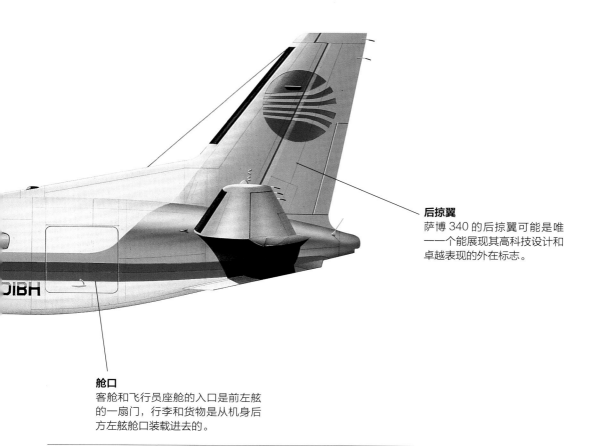

后掠翼
萨博 340 的后掠翼可能是唯一一个能展现其高科技设计和卓越表现的外在标志。

舱口
客舱和飞行员座舱的入口是前左舷的一扇门，行李和货物是从机身后方左舷舱口装载进去的。

生产分工

　　尽管最后由萨博公司在瑞典进行飞行装配，最初的认证也是按照瑞典标准进行的，但这两家公司在内部还是进行了生产分工。仙童负责设计尾翼、发动机舱和机翼，萨博负责设计飞机的其他

SE-ISA 是第二架萨博 – 仙童 SF340 飞机，后来它被改造成了 340B 的原型机。

部分。1980 年 1 月 25 日，两家公司宣布这一新机型问世。随后，萨博开始为其专门建造一间新工厂，一共生产了 5 架原型机，第一架于 1983 年 1 月 25 日完成了首飞。

　　瑞士十字航空公司在 1980 年 11 月订购了 SF340，1984 年 6 月 14 日投入使用。该机型迅速证明了它的性能及受欢迎程度，帮助萨博闯进了美国支线客机市场。美国辛辛那提市的空美航空于 1984 年 10 月成为第二个使用 SF340A 的航空公司。

　　但对于仙童公司来说，一切并没有那么顺利。1985 年，仙童公司退出了项目伙伴关系，只作为一个承包商参与其中。萨博从当年 11 月 1 日开始完全控制这一项目，1987 年扩大了其在瑞典的设备规模，并承担了尾翼和机翼的生产。仙童公司于 1988 年停止了这项业务。在第 110 架飞机制成之后，萨博 340A 机型诞生了。

规格（萨博 340B）	
类型	涡轮螺旋桨支线飞机
尺寸	翼展 21.44 米、机长 19.73 米、机高 6.86 米
最大起飞重量	12 927 千克
动力装置	2 台 1750 马力的通用电气 CT7-9B 涡轮螺旋桨发动机
最大速度	522 千米 / 时
远程巡航速度下航程	1807 千米
使用升限	7620 米
机组人员	2
乘客	单一等级客舱时最多载客 37 人

高海拔高温条件

第 160 架飞机按照新标准生产，命名为 340B，其在高海拔、高温条件下的性能有所优化，配置了更强大的 CT7-9B 发动机及更宽的横尾翼。1989 年 4 月，340B 原型机首次试飞，9 月份开始交付。

同时，萨博也在研制一种可更换发动机的、可延伸的机型，并于 1988 年发布，编号萨博 2000。由于它一直处于研发中，用在新飞机上的关键技术也用在了 340B 的升级款—340B Plus 的改进上。1994 年 4 月，340B Plus 首次交付给美国鹰航。

萨博 2000 的新特性包括内饰、噪声消除设备和加长的翼尖。对于粗糙的地面情况可以指定功能部件，包括结构加固、底部应用耐磨镀层。萨博 2000 的载客量在 35~37 人，每排 3 座。萨博 340 系列飞机已经成为美国支线班机和通勤线路的固定成员，其中美国鹰航和美国西北航空公司已经投入使用了 250 多架。后来又生产了 450 多架萨博 340s，其中的 200 多架直到 2015 年还在服役，一些用于运送货物，更多的仍被当作重要的客运飞机。

讽刺的是，1999 年，萨博 340 和萨博 2000 机型停产之后，萨博发现这两种机型仍有市场需求，同时萨博还要管理二手市场或租赁市场对二手飞机的需求。事实上，这也体现了该机型受欢迎的程度。在 2013 年 5 月萨博和座椅制造商 Acro 合作对客舱进行了升级，使用了最新的技术来增加对乘客的吸引力：轻便的座椅提供了额外的腿部空间，所以即使只有 71 厘米（行业最低）的空间，乘客也感觉有 76 厘米。性能限制在于萨博 340 不能再安装额外的座椅，但萨博 2000 可以从 50~53 座扩展到 56 座，而不会降低舒适度。

萨博2000

20 世纪 90 年代，萨博 340 已经过时了，因为航空公司在寻求一种更大的飞机，能够在短线路中以接近喷气式飞机的速度航行，但是只花费较少的钱。因此，萨博将 50 座的 340 命名为萨博 2000。该机型 1988 年 12 月一经发布，就接到了十字航空的一笔 25 架的订单，另外还有 25 架其他机型。

与 340 相比，2000 的机身加长了 7.55 米，单一等级客舱的载客量可达 58 人，配置了电子飞行仪表系统驾驶舱、一对 4152 马力的艾利森 GMA2100 涡轮螺旋桨发动机，以及六叶螺旋桨。萨博努力降低客舱的噪声，还研制出了一个噪声减弱系统。

2000 原型机于 1992 年 3 月 26 日首次试飞，但由于稳定性问题，直到 1994 年 9 月 30 日，十字航空才收到其第一架飞机，萨博 2000 才正式投入使用。后来，十字航空在一架萨博 2000 上喷涂特别图案，用来宣传音乐剧《歌剧魅影》。萨博 2000 投入使用时间较晚，问世时恰逢庞巴迪公司和巴西航空工业公司开始研制低成本短程喷气式飞机。面对这样的竞争压力，萨博无法继续生产，1999 年它将萨博 2000 飞机的产量削减到 63 架。

加拿大德·哈维兰 DHC-8 "冲 8" 和庞巴迪 Q 系列（1983）

德·哈维兰的 DHC-8，可以满足一架中等配置的涡轮螺旋桨支线客机的要求，重点不再放在短距起降的性能上。作为快速发展的庞巴迪 Q400 的下代飞机，该机型如今仍然占据市场的主要地位。

客户对"冲 7"短距起降的表现很满意，但很多行业对此并无需求；也有航空公司热衷于购买涡轮螺旋桨飞机，如可载客 19 人或 20 人的双水獭和载客量达 50 人的"冲 7"。对于这些潜在客户来说，即将推出的福克 50 太大了，而 F27 正在逐渐停产。巴西航空工业公司利用 EMB-120"巴西利亚"飞机进入市场，开始与巴西公司的 E-Jet 和庞巴迪 C 系列进行竞争；而 ATR 42 正在研发，对于德·哈维兰和现在的庞巴迪 Q400，以及 ATR 的其他竞争对手来说，这都是一个挑战。正是在这种情况下，德·哈维兰推出了"冲 8"飞机。

生产商选择在 1979 年的巴黎航空展上公布"冲-X"。1980 年 4 月，安大略省的 DHC—6

在 20 世纪 80 年代末和 90 年代初，"城市快递"公司是德·哈维兰在加拿大国内的典型的忠实客户。"城市快递"在多伦多岛机场（后改名比利主教机场）运营"冲 8-100"。

燃料
"冲 8"在发动机外侧的机翼上设计有整体式油箱，可以装 3160 升燃油。

客舱门
前部舱门装有一体化的登机梯，飞机的上单翼可以使舱门和舱口接近地面，便于地面操作。

乘客
DHC-8-100 一般可容纳 36 名乘客，共 9 排，每排 4 座，左右各有两个座位，有中间过道。值得注意的是，最新的 Q400 下代机型可容纳 86 名乘客。

运营商北安大略航空公司首次订购了两架"冲"系列飞机,现今的"冲8"的四架原型机在当时就已经确定了。"冲8"在1983年6月20日完成首飞,1984年10月23日首次交付给北安大略航空公司。

"冲8"最初设定搭载36名乘客,其终极版

并不是完全没有短距起降能力;但高度在1000米时,其起降滑行距离要比DHC-7长得多。放弃早期飞机强大的短距起降性能,"冲8"得以在其他性能上有所提升,因此能够以更高的速度巡航。这一点对于美国市场中的短途航线运营商尤为重要,因为它们需要的是飞机的速度,而经济

行李
后部机身左舱的大门可通过体积达8.5立方米的行李或货物。

因素对它们来说意义不大。

　　飞机保留了之前的上单翼／T形尾配置，机翼配置了两台普惠加拿大 PW120 涡轮螺旋桨发动机，每一个（功率 1800 马力）都比"冲 7"的 1120 马力的发动机要强得多。考虑到安装"冲 8"的主起落架在中下部机身的凸起部分，最

"冲 8"／Q 系列在为主线运营商提供支线服务的支线航空公司中备受欢迎。 这架"冲 8-100"使用的是加拿大支线航空公司的配色。

终 DHC 系列选择将两侧起落架收回到发动机舱底部。这样，虽然飞机重量增加了，操作也变复杂了，但可以增加飞机在侧风飞行时的稳定性。

"冲8"的发展

　　随着原来的"冲 8"系列 100 型，DHC-8-100 或称"冲 8"-100 的改进，DHC 又将注意力转向"冲 8"-200 系列。原计划使用 2200 马力的 PW122 发动机，但直到 20 世纪 90 年代初，该系列都没有任何动静。倒是在 1985 年，DHC 宣布开始研制"冲 8"-300 系列的加长机型。

　　"冲 8"-300 将机身加长了 3.43 米，形成了一个可容纳 50 名乘客的机舱。发动机变为 2380 马力的 PW123。除此之外，翼展扩大，最大重量增加。它的原型机于 1987 年 5 月 15 日首次飞行，并于 1989 年 2 月开始出售。

　　波音于 1986 年 1 月收购了 DHC 公司，并在 1987 年 6 月宣布开始研发机身更长的"冲 8"-400 系列。该系列比 300 系列长 6.83 米，最新型号预计载客 78 名。

规格（Q400 下代）

类型	涡轮螺旋桨支线客机
尺寸	翼展 28.40 米、机长 32.80 米、机高 8.40 米
最大起飞重量	29 574 千克
动力装置	2 台 5071 马力的普惠加拿大 PW150A 涡轮螺旋桨发动机
最大速度	667 千米／时
载客 74 名时的最大航程	2063 千米
使用升限	8230 米
机组人员	2
乘客	单一等级客舱时最多载客 86 人

在改进了 DHC-8-100 的内部，并且升级了 PW120A 发动机之后，1990 年，100A 系列机型问世，同时波音公司宣布撤出对 DHC 公司的投资。1992 年 1 月，DHC 公司并入庞巴迪。新的公司很快推出了配置 PW121 发动机的 100B 系列，起降性能有所提高；同时为 100A 系列改装了 PW123C 发动机，提高了有效载荷和性能。新公司重新启动 200 系列的研发，命名为"冲 8"-200A；随后的"冲 8"-200B 采用了 PW123D 发动机，能够在高温和高空条件下提供全功率；还有 300A / B 和 C 系列，都是用同样的方式来改进较长的"冲 8"飞机。

Q系列

"冲 8"虽然很受欢迎，但同时也面临着激烈的竞争，特别是与 ATR 的竞争。庞巴迪进行了一次大改进，引入了噪声和振动抑制（NVS）系统和新的内部配置。NVS 系统将客舱噪声降低了 12 分贝，因此庞巴迪将"冲 8"重新命名为 Q（安静）系列以示区别，先后生产了 Q100、Q200、Q300 和 Q400。

随后，三个较小型号的飞机逐渐停产，庞巴迪集中生产 Q400。从那以后，庞巴迪再次升级了基本机型，大大改进了 Q400 的下代机型，继续在全球销售，并坚持与时俱进，不断创新发展。

Q400下代机型

Q400 下代机型采用 5071 马力的 PW150A 涡轮螺旋桨发动机驱动 6 叶片道蒂复合材料螺旋桨，但从许多方面而言，它是一款新型飞机。它的巡航速度非常快，与支线喷气机相比，在较短的区段上飞行时间差距微乎其微。有时，为了节省燃油费，许多飞行员会减慢一点速度，仍然只会比喷气飞机慢几分钟，但在相同距离内仍比竞争对手 ATR 快。

2014 年，庞巴迪决定在 Q400 上提供 Wi-Fi 服务，同时推出 50 座和 68 座的同系列飞机，以及双客舱和 86 座的高性能客机。

ATR 42 和 ATR 72（1984）

20 世纪 80 年代，法国宇航公司和意大利航空公司联手打造了一款新的涡轮螺旋桨支线客机。ATR 42 和 ATR 72 集灵活性与经济性于一身，最新的 ATR 600 系列机型仍然畅销。

1981 年，法国宇航公司与意大利航空公司合作组建 ATR 公司，旨在设计和开发高科技涡轮螺旋桨支线客机，以满足市场对这种飞机的新兴需求。从那时起，欧洲航空航天工业的联合改变了原来的合作伙伴组织，而 ATR 也是空中客车公司和艾尔马奇公司合作的结果。

法国宇航公司早前已经接管了诺德公司，因此获得了北方 262 涡轮螺旋桨客机的研发经验，同时它在 Transall 军用运输机的国际项目中也积累了一定经验。意大利航空公司对涡轮螺旋桨运输的知识全部来自于早前菲亚特开发 G222 军用运输机的经验。尽管如此，ATR 还是着手要设计一架配置 30~50 座的飞机，采用先进的技术来降低飞机的运行成本，但在其他方面采用了相对简单的设计。

由于英国航空航天公司（BAe）（ATP）、德·哈维兰公司（冲 8）、福克公司（福克 50）

1986 年 3B-NAH 交付给毛里求斯航空公司。它为该航空公司的支线航线服务近十年后，又继续为马达加斯加航空效力。

客舱配置
典型的 ATR 42 客舱设有 11 排双座椅，排列在中央过道的两侧，另外机尾朝向左舷和右舷的位置，还各有两个座位。

螺旋桨
第一代 ATR 采用四叶片螺旋桨，400 以后的系列机型则采用高效的六叶片螺旋桨。

和萨博－仙童公司（SF340）等公司的激烈竞争，ATR 的合作伙伴意识到，要取得成功，就必须研制出一款卓越飞机。1981 年 10 月，ATR 42 原型机问世，可容纳 42~50 名乘客。发动机采用的是一对普惠 PW120 涡轮螺旋桨发动机；机身似乎大部分维持原样，配置了一对高弦展比机翼，T 形尾翼；主起落架可收回到机身侧面的整流罩里。

该飞机大量使用复合材料，减轻了飞机重量。

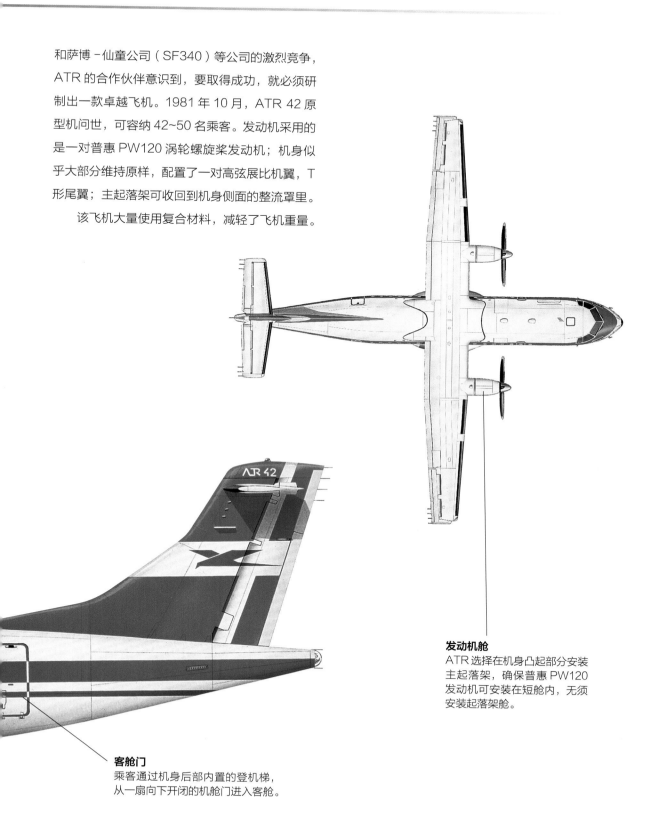

发动机舱
ATR 选择在机身凸起部分安装主起落架，确保普惠 PW120 发动机可安装在短舱内，无须安装起落架舱。

客舱门
乘客通过机身后部内置的登机梯，从一扇向下开闭的机舱门进入客舱。

从正面看，ATR 的球形主起落架整流罩非常醒目。四叶螺旋桨也很明显。

它还非常在意乘客的舒适度，螺旋桨通常会带来一定程度的振动和噪声，使得客舱更嘈杂，减少了乘客对涡轮螺旋桨飞机的好感度。为了克服这些影响，ATR 在机舱内引入了降噪系统。

分工制造

法国宇航公司负责制造机翼、襟翼、发动机舱、驾驶舱和机舱，意大利航空公司则负责制造机身和机尾，最终在法国图卢兹进行装配。在制造两架 ATR 42 原型机后，该机于 1984 年 8 月 16 日首次试飞，随后在 1985 年 4 月 30 日开始量产。

后来出现了一系列衍生型，ATR 42 现在被称为第一代。最初生产的是 ATR 42-300，采用 PW120 发动机，而 ATR 42-320 采用 PW121 发动机来改进飞机在高温、高海拔条件下的表现。ATR 后又宣布打算在 1985 年建造型号为 ATR 72 的加长机型，并于 1988 年 10 月 27 日试飞了第一架原型机。除了机身长度增加了 4.50 米外，新飞机的翼展也更宽，可以储存更多的燃料。ATR 72-200 是第一代 ATR 72 的标准版，采用 2400 马力的 PW124B 发动机。ATR 72-210 采用 PW127s 发动机，在其他方便稍做了变化，包括改进降噪技术。另外还有一个更强的同系列衍生型，配置了 PW127F 发动机，被命名为 ATR 72-210A。

ATR 42-400 / 500 和 ATR 72-500 取代了 1996 年生产的早期飞机。1995 年 7 月 12 日，ATR 42-400 第一次试飞，采用 PW121A 发动机带动六叶螺旋桨，这为 ATR 42-500 的研制奠定了基础，并取代了 ATR 42-300。ATR 72-210 配置了 PW127 涡轮螺旋桨发动机，而同系列的 ATR 72-500 也使用了 PW127 发动机。这两种机型都得益于机舱内部的重新设计，正如 ATR 公司的广告所说："安装动态振动吸收器和减振装置，就像是给飞机进行了一项高效且先进的隔声治疗。"

规格（ATR 42-500）

类型	短程涡轮螺旋桨支线客机
尺寸	翼展 24.57 米、机长 22.67 米、机高 7.59 米
最大起飞重量	18 600 千克
动力装置	2 台 2400 马力的普惠加拿大 PW127E 或 M 涡轮螺旋桨发动机
最大速度	556 千米/时
最大载客量航程	1327 千米
机组人员	2
乘客	单一等级客舱时最多载客 50 人

特殊衍生型

一些特殊的 ATR 机型已经可以用作民用和军用飞机，但后者的市场大部分已被竞争对手 CN235 飞机和更长的 C-295 飞机占领。而现在空客的军事和太空产品，还有 Airtech CN235 较早的机型，在与 ATR 和"冲 8"竞争的过程中，都几乎没有销量。对于运营商而言，ATR 42 货物 QC 型和 ATR 72 货物 QC 型可快速更换内饰，ATR 42L 侧面有货舱门，但 ATR 的生产仍以客机为主。

庞巴迪升级 Q400 后，ATR 生产出了新一代的 ATR42 和 ATR72。从 2011 年投入使用开始，ATR72-600 系列机型配备 PW127M 发动机、新的机舱内部结构和完全改进的航空电子设备。同时，ATR 客户提出了 90 座飞机的需求，而生产商表示还在考虑。但这很可能需要一个全新的设计，而不只是 ATR72 的加长机型。

600系列

凭借 ATR 42-600 和 72-600，ATR 公司彻底改进了设计。利用空中客车 A380 航空电子设备的设计要素，驾驶舱安装了电子飞行信息系统，为每位飞行员提供主飞行和多功能显示，以及中央发动机和警告显示。驾驶舱可兼容电子飞行包，减少了文字处理工作。

该型的阿玛尼亚（Armonia）客舱设计更宽敞，上方行李架储存空间更大。而 PW127M 动力装置可以选择配备备用起飞功能，在条件差的机场操作时，可为起飞提供更多动力，增加 1000 千克的有效载荷。

ATR72-600 系列通过数据链路接入 ADS-B 系统，将 ATR 飞机的实时位置报告给空中交通管制、运营商地面站和其他飞机，这可以提升安全性。新型号还配有飞机状态监测系统，可报告故障和系统运行状况，以便能够有效地提前规划和维护。

空客 A320 系列（1987）

空中客车公司在单通道、中短途飞机研制方面勇于挑战波音和麦克唐纳·道格拉斯，由 A320 飞机开启了创新之旅。致力于高新技术设计不断为空客赢得 A320 系列飞机订单。

或许空客早已凭借 A300 和 A310 的过硬质量和巨大成功让业界刮目相看，但将已有技术和先进航空动力学相结合的 A320 却震惊了业界。早在 1970 年，空客就考虑研制波音 737 和麦道 DC-9 那种级别飞机中的单通道飞机，然而国家利益使其设计复杂化了。达索公司正在制造美爵，英国宇航公司计划研发 1-11，福克正在计划 F29；更关键的是，霍克·西德利正同道尼尔还有福克合作研究低噪声起飞与着陆飞机。

所有这些竞争对手在一定程度上都影响了空客后来的设计，但空客尤其受到欧洲联合运输项目的影响，后者于 1977 年 6 月由法国宇航公司、英国宇航公司和福克公司共同建立的。它计划研制一架 130-188 座飞机，由一对 CFM56 涡轮风扇发动机提供动力；当时也曾考虑过使用普惠 JT10D，但该发动机没有研制成功。1978 年 3 月的一份协议明确了参与者在 A300/310 制造中的角色任务，以及未来参与 JET 研制的情况。

在英国宇航公司于 1979 年正式加入该项目

英国航空公司在使用 A320 上颇为勉强，它在接手了原为英国金狮航空公司的订单后，才开始运营 A320-100。

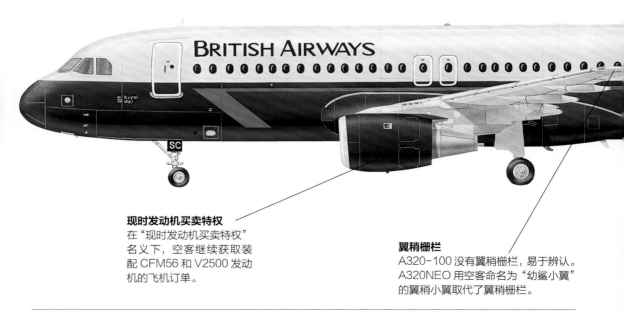

现时发动机买卖特权
在"现时发动机买卖特权"名义下，空客继续获取装配 CFM56 和 V2500 发动机的飞机订单。

翼稍栅栏
A320-100 没有翼稍栅栏，易于辨认。A320NEO 用空客命名为"幼鲨小翼"的翼稍小翼取代了翼稍栅栏。

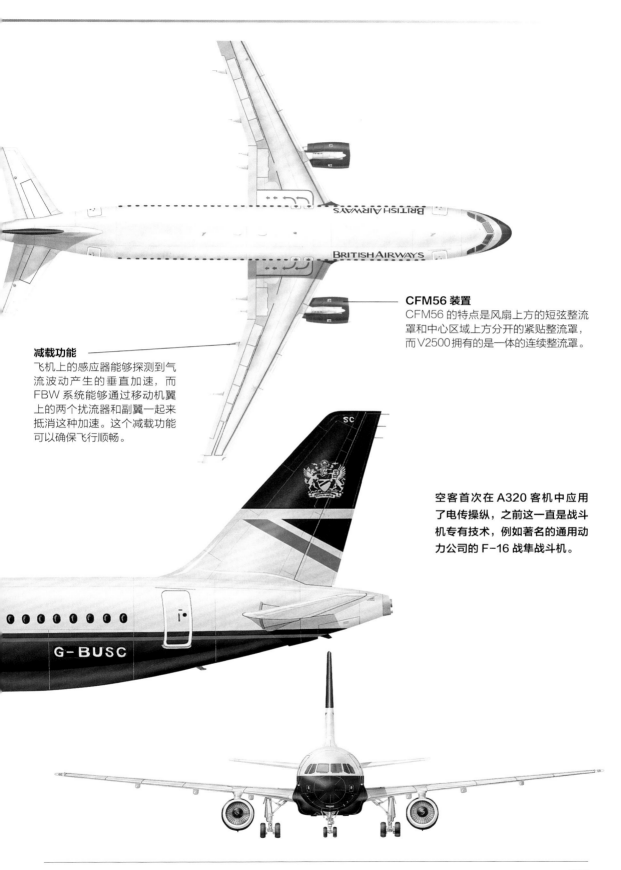

CFM56 装置
CFM56 的特点是风扇上方的短弦整流罩和中心区域上方分开的紧贴整流罩，而 V2500 拥有的是一体的连续整流罩。

减载功能
飞机上的感应器能够探测到气流波动产生的垂直加速，而FBW 系统能够通过移动机翼上的两个扰流器和副翼一起来抵消这种加速。这个减载功能可以确保飞行顺畅。

空客首次在 A320 客机中应用了电传操纵，之前这一直是战斗机专有技术，例如著名的通用动力公司的 F-16 战隼战斗机。

G-BUSC

后，空客巩固了其基于 JET 的 SA1、SA2 和 SA3 的设计计划，其中 SA1 在 1981 年 2 月成为 A320。空客旨在制造两种改进机型，分别是 124 座的 A320-100 和 172 座 A320-200。同年 6 月，法国航空公司正式购买 16 架 A320-100 和 34 架 A320-200，其中 25 架确定购货，另外 25 架备选。然而设计还没有完成，再加上

空客利用 A300/310 在北美市场站稳了脚跟，而单通道系列让这一地位更加牢固。A320（如图）和 A321 是捷蓝航空舰队的奠基石。

达美航空公司要求制造一架 150 座波音 727 的替代机型，空客选定了适合 150 名乘客的机体长度。于是，A320 改进为短程的 A320-100 和航程较长的 A320-200（其中间区段设有燃料箱），二者都可容纳大约 150 名乘客。正如设计宽体机所考虑的，空客设计窄体飞机 A320 时也充分考虑到了容量。因此，比起 737 的 3.25 米客舱宽度以及 707、727、757 的默认机舱宽度，空客 A320 客舱宽度为 3.7 米，这使得空客能够继续替代上述四种运营中的机型。

在机翼设计方面，这次空客又求助了英国专家。尽管英国宇航公司的研发进展不顺，导致延迟了三年，空客还是研究出了具备卓越空气动力性能的机翼。副翼、襟翼和扰流器均由飞机的电传操作系统控制，标志着该技术在商业产品里的充分应用。每个机翼下的挂载点都为 CFM56 发动机设置了外挂架，发动机都由全权限数字式发动机控制（FADEC）单元控制，以实现最高效能。

除了先进的电传操作，空客还引进了新型自动化设备，并利用电子飞行信息系统来提高机组

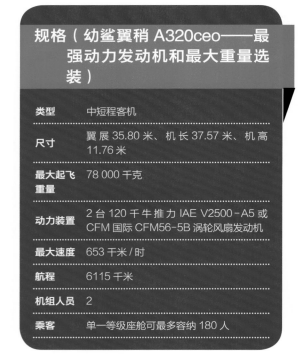

规格（幼鲨翼梢 A320ceo——最强动力发动机和最大重量选装）

类型	中短程客机
尺寸	翼展 35.80 米、机长 37.57 米、机高 11.76 米
最大起飞重量	78 000 千克
动力装置	2 台 120 千牛推力 IAE V2500-A5 或 CFM 国际 CFM56-5B 涡轮风扇发动机
最大速度	653 千米/时
航程	6115 千米
机组人员	2
乘客	单一等级座舱可最多容纳 180 人

人员意识，该系统拥有海量信息，能够简化复杂的航行过程，提供及时故障诊断，并监控飞机的整体状况。

A320起飞

1987年2月22日，空客在图卢兹首次试飞了A320。如此先进的飞机经过了颇为迅速的测试和检定过程，1988年4月就开始执飞和法国航空公司、英国航空公司合作的定期航班。英航本来对空客持怀疑态度，是从苏格兰航空公司接手过来的订单，但是随后便发现了A320的优良性能，于是又下单购买了该系列的更多飞机。

这些早期飞机达到了A320-100的标准，尽管法国国内航空公司也采用了此型号，但在A320-200成为标准型号前，也仅有21架生产出来；A320-200的名称很快被提了出来，这类型早期飞机也就被笼统称作A320。1989年起，空客为A320客户提供了诸多的发动机选择，包括国际航空发动机公司的V2500，CFM56和V2500的诸多衍生型也应用于A321和A319。

185座的A321以V2530发动机为动力、于1993年3月11日完成首飞，并于1994年1月27日交付其第一位客户德国汉莎航空公司使用。意大利航空公司于同年3月购买了搭载CFM56-5B发动机的飞机，成为A321的第二位客户。1997年，航程已扩展的A321-200问世，结构加固、燃料增多，并且最多可容纳220名乘客。

2010年，空客宣布一项计划，即在"现时发动机买卖特权"的名义下，提供A320、321和319更新发动机后的衍生机型。这批A320可以选择CFM的LEAP-X发动机或者普惠的PW1100G超低排放齿轮传动涡轮发动机，预计2015年交付使用。第一架A320NEO于2014年9月25日在图卢兹完成首飞。

A319和A318

空客公司之前将A320延伸了6.93米制造出A321，它后来又将基准机型缩短3.77米，制造出能够载客124人、航程达3700千米的A319。仅仅依靠国际租赁公司1993年6月的6个订单，A319于1995年8月25日完成首飞，1996年4月25日第一次交付给瑞士航空，后来蜂拥而至的客户甚至包括英国易捷航空公司。

1999年4月，在进入支线客机市场时，空客推出了机身大大缩短的A318。这类107座客机使用CFM56或者普惠PW6000发动机，最初却由于普惠公司的发动装置问题而受到牵连。截至2014年，仅有79架该机型飞机还在服役，因此收益甚微。英国航空公司最初拒绝使用空客设备，而它现在却把最初分配给协和式超声速喷气客机的呼号"SPEEDBIRD 01"全部留给了从伦敦到纽约的商务机A318，这不失为一个小小的讽刺。

空客 A340（1991）

空客将 A300 进一步改良为带有四发动机的 A340 和 A330。前者的终极改良版为 A340-500 和 A340-600，但是在订单大战中最终输给了波音 777。

空客凭借 A300 和 A310 在中短程宽体机市场迈出了可喜的一步，而航程较长的 A310 衍生型又对波音的远程飞机发起了挑战。然而，空客并没有进入远程客机的核心市场，它只是在波音 747、767-200 衍生型以及麦道公司新出的 MD-11 机型留出的空隙里生存，但是它有望替换大量还在运行中的 DC-10 机型和洛克希德"三星"客机。

空客公司以 A300 为基础开发出了几个设计，其中有 330 座的 A300B9、后来成为 A310

的 A300B10 和四台发动机 200 座的 A300B11。A300/310 的成功耗费了空客不少研发能力，但也使其有机会在远程产品上面加以投入，而该产品被要求与中程宽体机和短程 A320 系列平起平坐。到 1980 年，B9 和 B11 分别发展为 TA9 和 TA11，TA 意为"双通道"。

1982 年范堡罗航展上，空客公布了新设计的一些因素，制造商提出了两个非常相似的飞机（除了动力、燃料容量和重量，其余几乎一模一样）方案——TA9、TA11。两个设计的机身长度、

驾驶员座舱
A340 和 A330 的驾驶员座舱基本相同，二者最明显的区别就是 A340 的发动机有四个节流阀。

机队情况
法国航空以 13 架 A340-300 组成的机队迎接 2015 年，每架飞机配备 275 座。

辅助主传动装置
A340-300 的特点很明显，拥有辅助主起落架的支柱，在机体中央下方装有一个两轮负重轮。

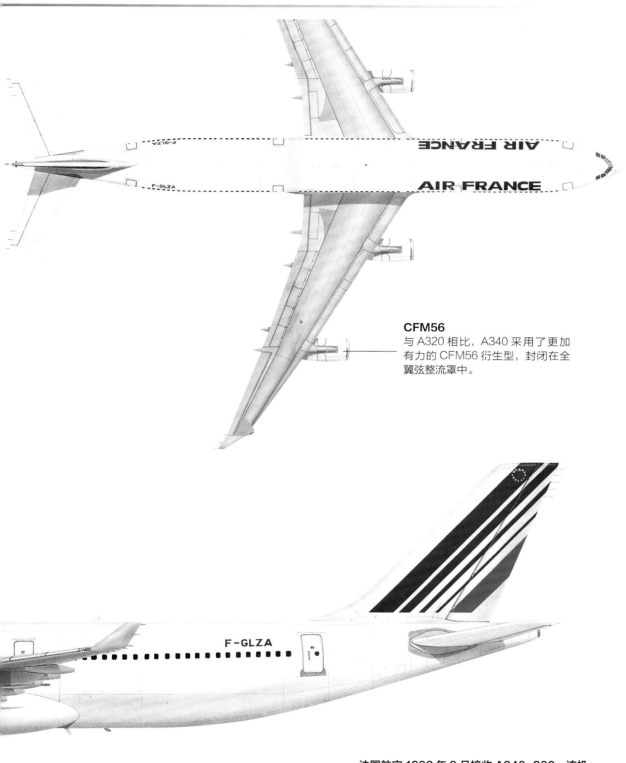

CFM56
与 A320 相比，A340 采用了更加有力的 CFM56 衍生型，封闭在全翼弦整流罩中。

F-GLZA

法国航空 1993 年 8 月接收 A340-300。该机型之后为西班牙注册的伊比利亚航空公司服务，直至 2013 年 4 月退役。

载客量和航程都有变化。实际上，TA9 适合中远程航线，而 TA11 拥有扩大了的燃料容量和远程飞行所必需的额外动力。

A330 和 A340 的机翼非常相似，A330 保持了外侧发动机外挂架的硬点。

A340持续改进

1986 年 1 月系列命名确定，TA9 果然如预测那样命名为 A330，TA11 命名为 A340。这两项设计在 1987 年 6 月巴黎航展前发布，后来继续改良，但是 A340 优先，因为它的市场包括新的 MD-11，而且在这一类型中鲜有新的竞争者。空客继续加长 A340 的机体，优化了载客量以适应市场需求，并且几乎将每一处改变都应用到了

A330 上。

与此同时，英国宇航公司正在致力于设计另一个卓越的机翼方案，并于 1987 年完成。该机翼适用于两种机型，只有安装 A340 额外发动机时才需做少许改变。对于驾驶员座舱而言，空客从 A320 上得到灵感，在 A340/330 和 A320 系列上为普通飞行员安装了电子飞行信息系统和座舱驾驶杆，只是不同类型之间有细微的"差别"。

但是，空客在选择动力方面犹豫不决。A330 在配置上接近 A300，搭载了通用电气 CF6 发动机以及类似的发动机，但是 A340 却有多种选择。尽管空客在研制 A320 中也考虑了 IAE 的 V2500，但 A340 一直考虑搭载 CFM56，其大功率衍生型可提供高达 133 千牛的推力。空客曾向航空公司承诺 A340 拥有最远航程，但是现有的发动机优先购买权可能会让这些承诺落空，于是空客开始关注超高速双路式"超级涡轮风扇"发动机。

IAE 推进以 V2500 为基础的"超级风扇"项目，其特点是将导管风扇安装到现有发动机中心，结果大大降低了燃料消耗，使得 A340 轻松达到了承诺航程。各航空公司开始下单，首先是汉莎

规格（A340-500）	
类型	远程客机
尺寸	翼展 63.45 米、机长 67.93 米、机高 17.28 米
最大起飞重量	380000 千克
动力装置	4 台 235.70 千牛推力罗尔斯·罗伊斯遄达（Trent）553 涡轮风扇发动机
最大速度	0.86 马赫
航程	16 670 千米
机组人员	2
乘客	单一等级座舱可最多容纳 375 人

航空于 1987 年 1 月确定购买 15 架，另外有 15 架备选。没想到短短几个月后 IAE 取消了"超级风扇"项目，这就使空客不得不重新设计 A340 以适应现有的发动机技术，增加了翼展和翼稍的大功率 CFM56-5C2 涡轮风扇发动机，可能提供了一些希望，而当具有 151 千牛推力的 CFM56-5C4 问世时，A340 的表现最终达到了当初所承诺的参数。

空客 1991 年 10 月 25 日试飞了第一架基准机型——375 座的 A340-300，紧接着，1992 年 4 月 1 日试飞了第一架远程机型——263 座的 A340-200。尽管达到最远设计航程还需要很多调整，但是 1993 年 2 月 2 日汉莎航空还是最终接收了 A340-200。法国航空稍后采购了 A340-300。其后续的衍生型主要聚焦于为更远航程提高重量，但是 A340 也开始从经济效益上考虑，尤其是此时诸如波音 777 之类的高效远程机型进入了市场。空客甚至重新装配发动机研制出 A340-500 和 A340-600，但是在 A340-377 入市后就停止了全部 A340 衍生机型的生产。

终极A340

1996 年 4 月 17 日，空客将第一架最大起飞重量达 275000 千克的 A340-300X 交付给新加坡航空公司，之后重新命名为 A340-300E。该型飞机改变了结构，而这种改变也应用到了其后的机身制造中，并为提出航程较长的 A340-400 计划奠定了基础。为了支持 1997 年 12 月投放市场的终极远程 A340-500 和大载客量远程 A340-600，空客停产了 A340-400。这两种机型特点显著，都搭载罗尔斯·罗伊斯遄达发动机提供动力，表现极佳。A340-500 是世界上航程最远的客机之一，2004 年为阿联酋航空公司服务。其他 A340-500 客户还包括阿提哈德航空和新加坡航空。为了能与波音 747 的载客量相媲美，A340-600 在 2002 年首次为英国维珍大西洋航空公司服务。尽管空客不得不修复一系列小问题，但整体上两种衍生型飞机表现突出。

然而，波音 777-300ER 很快就诞生了，性能完全覆盖 A340-600，并且只有两个发动机，非常实惠。同时，777-200LR 也可与 A340-500 相媲美。尽管空客提出补偿客户因此而产生的费用，然而波音最终还是打败了 A340 系列。

庞巴迪 CRJ（1991）

加拿大飞机公司（Canadair）凭借支线喷气飞机开辟了全新的市场，而在这之前中程支线客机一直是涡轮螺桨发动机飞机的天下。庞巴迪 2015 年还在销售新一代 CRJ 系列。

1944 年，加拿大政府收购了加拿大维克斯公司，将其重新命名为"加拿大飞机公司"，并为其安排制造 DC-4M 客机的合同。加拿大政府一度将加拿大飞机公司出售给了通用动力公司，在那期间它参与了很多飞机制造以及后续的供应链业务。因此公司一直为美国企业所有，直至 1976 年加拿大政府再次买入。

1988 年，加拿大飞机公司被庞巴迪公司收购，并在 20 世纪 90 年代初期之前继续以原名称

运营。在众多主要产品中，"挑战者号"商务机 1978 年完成了首飞。它是一架 T 形尾翼、后掠机翼的客机，莱康明 ALF 502 涡轮风扇发动机后置安装，似乎很适合发展为支线客机，而庞巴迪拥有实现这一构想的资金。

人们一般认为，航程小于 800 千米的飞机使用纯喷气动力不具有经济意义，但是加拿大飞机公司认为，最新的高效微型涡轮风扇发动机能够改变现状。如果让乘客在喷气动力和螺旋桨动力

飞机驾驶舱
CRJ700、900 和 1000 特点显著，飞机驾驶舱装有罗克韦尔·柯林斯公司六屏一体航空电子系统。

之间做选择，那么他们每一次都会选择喷气动力，因为相比而言，螺旋桨正日渐式微。

支线定义

加拿大飞机公司命名新飞机为"支线飞机"（简称 RJ）再合适不过了。RJ 从根本上是由"挑战者号"飞机延伸而来的，机身增长了 6.09 米，机舱为 50 座，使用通用电子的 CF34-3A 涡轮风扇发动机。1989 年 3 月 31 日项目开始时，与西德的 DLT 公司签署了 6 架确定购货、6 架备选的订单，并于 1991 年 5 月 10 日以 RJ100 的名义完成了首飞。

当时，巴西航空工业公司宣布了竞争机型 EMB-145，但在 1990 年 9 月，加拿大飞机公司就宣布生产 RJ100ER，它机体更重、航程更长，并于 1992 年 10 月 19 日交付汉莎城市航空（DLT 航空为其前身）。"加拿大飞机公司"这个名字逐渐淡出之际，庞巴迪飞机却已悄然深入美国市场。1993 年 4 月 29 日，达美航空支线飞机公司 Comair 订购了第一架 RJ。

1994 年 2 月，体型更大的 RJ100LR 问世。RJ100 系列持续接单，最后于 1996 年被 CRJ200 取代。飞机名称加上字母 C 是为了同竞

诺斯特姆航空于 2007 年 1 月购进 CRJ900 EC-JZT，并且参照伊比利亚支线的特点运行。CRJ 订单不断，部分原因是其总是不断更新以及庞巴迪愿意听取客户的意见。2014 年年末，庞巴迪已经接到 384 架 CRJ900 的订单。

全时无线网络
2014 年庞巴迪宣布 CRJ 提供全时无线网络服务。

明亮的机舱
庞巴迪为了改善客户体验，在下一代 CRJ 上改进窗户、增加窗户边饰。

EC-JZT

IBERIA REGIONAL

通用发动机
经过简单改造，同样的 CF34-8C5 发动机可以运用到下一代 CRJ700、900 或 1000 上，从而使运营者可以更高效应用。

争对手区分，尤其是以 ERJ 名称下改良来的巴西航空工业公司系列飞机 EMB-145。CRJ 新机型使用大功率的 CF34-3B1 发动机，表现更佳。

1996 年 1 月 15 日，提洛尔航空公司首次购进 CRJ200。随后，庞巴迪又推出 ER、LR 衍生型号，以及高温高空机型，分别命名为

规格（CRJ900 下一代）	
类型	支线客机
尺寸	翼展 24.90 米、机长 36.20 米、机高 7.50 米
最大起飞重量	36 514 千克
动力装置	2 台 64.50 千牛推力通用电气 CF34-8C5 涡轮风扇发动机
最大速度	871 千米 / 时
航程	1982 千米
最大巡航高度	12497 米
机组人员	2
乘客	单一等级座舱可最多容纳 90 人

也门费利克斯航空公司是 CRJ 的诸多买家之一。2015 年，其机队有四架 CRJ 飞机：两架 CRJ700 和两架 CRJ200。

CRJ200B、CRJ200BER 和 CRJ200BLR。随着 CRJ 入役，庞巴迪也在研究进一步加长 CRJ-X 飞机的可能性，以符合高密度航线航空公司需求，同时也是为了填补 CRJ100/200 不能承担的运营服务。

1997 年 1 月 21 日，CRJ-X 以 CRJ700 的名称发布，并接到了不列特航空公司 4 架订单。CRJ700 重新设计了机舱，能够容纳 70 人，并且为了提升起降性能而加长机翼，升级了起落架。56.40 千牛推力的 CF34-8C1 发动机降低了维修要求，但动力更强劲。1999 年 5 月 28 日，CRJ700 完成首飞；不列特航空于 2001 年 1 月 31 日购得第一架。

不断加长 19 座的挑战者号而将其升级为 70 座的 CRJ700，庞巴迪对此并不满足。2000 年 7 月 24 日，庞巴迪宣布将 CRJ700 机身加长 3.89 米、制造 90 座的 CRJ900，并于 2001 年 2 月 21 日完成新机型首飞。CRJ900 最初由梅萨航空

公司购买，后来，其 ER 和 LR 的衍生型也被推出。最后，庞巴迪再次加长机身，制造出 104 座的 CRJ1000，并于 2008 年首飞。CRJ1000 是"下一代"CRJ 系列升级后的首个机型，在 2010 年开始销售它拥有全新的机舱设计，一些设备与 Q400"下一代"相同。CRJ1000 在 2010 年开始销售。燃料消耗的增加无疑影响到了支线客机市场，而且小载客量飞机现在也不受欢迎，虽然已经开始制造全新的 C 系列，但庞巴迪仍旧不断研制并销售"下一代"CRJ 系列。

C系列——取代CRJ

当巴西航空工业公司用全新更大载客量的 E-Jet 取代 ERJ 系列时，庞巴迪不得不积极应对，否则它就会失去在支线客机市场中的领先地位。2005 年，庞巴迪开始研究全新的 C 系列，但是它为了寻找合适的动力装置大费周章。

该项目也因此取消，直到 2008 年使用普惠 PW1500G 涡轮风扇发动机后才得以恢复，只不过订单不易保证，而且后续要做具有挑战性的飞行测试，使情况更加复杂。但是，包括 100 座的 CS100 和 130 座的 CS300 在内的 C 系列在支线客机经济性、效率和客户体验方面有所保证。

2013 年 9 月 16 日，此机型迎来了首飞，但是气密试验在 2014 年 5 月 29 日发动机故障后停止了 5 个月。试验项目于当年 11 月 6 日恢复，后于 2015 年首次交付。

空客 A330（1992）

空客的 A330 比 A340 更为成功。实际上，A330 非常成功，空客正在为其开发"新发动机选择权"项目，并决心将来大力发展此型号。

从 A300 改进到 A340/330 经历了漫长的过程。A330 中远程双喷气飞机最初源于 20 世纪 70 年代早期对于 A300B9 的构想，到 80 年代已经被改良为 TA9。从四发动机的 A300B11 方案（TA11，即后来的 A340）起，发展过程中又出现许多变化，尤其是机身长度，这些都反映在了 A330 的设计中。最终完成的型号为 A330-300，与 A340-300 机身相同。

由于 A330 的设计航程较 A340 更短，因此燃料较少、机身较轻。而最明显的区别还是在于发动装置：从一开始，空客 A330 就有三种发动机选项，而当初 A320 只有两种选择。

香港国泰航空是 A330 的主要客户，它以 38 架 -300 的机队迎接 2015 年，还有 5 架也已下单。

载客量
航空公司可以选择不同机舱类型，但是国泰航空偏好 A330 三级机舱的布局。

动力装置
国泰航空指定罗尔斯·罗伊斯遄达 700 为 A330 的发动机，并于 1994 年 1 月 31 日完成首飞。

CATHAY PACIFIC

货机起落架
A330 在地面上是俯冲姿势，不利于货物装载，于是空客开始研制 A330-200F。为解决这一问题，空客公司对前轮起落架支柱长度进行了调整；另外，缩进部分需要整流罩覆盖，而不是完全装入舱体。

毫无疑问，在发动机方面，通用电气提供 CF6-80A1、普惠公司供应 PW4164 或者更强劲的 PW4168，罗尔斯·罗伊斯提供遄达。A330 设计为典型的两级舱位、可载客 335 人，航程达 8300 千米。但是测试很快表明，其重量远远低于预期，这就给携带额外燃料提供了空间。

A330 和 A340 之所以如此相似，是因为最初它们共用一个生产线。第一架 A330 在 1992

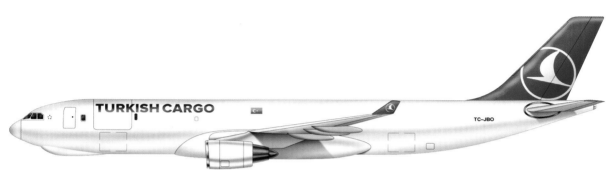

上图：除了 A330-200、A330-300，土耳其航空也运行 A330-200F 货机，截至 2015 年年初，共有 6 架在运行中。

小翼
杰出的小翼是 A330 空气动力方面的重要特点，为燃油效率做出了贡献。但是在 A330NEO 中，这种小翼被最新技术幼鲨小翼所取代了。

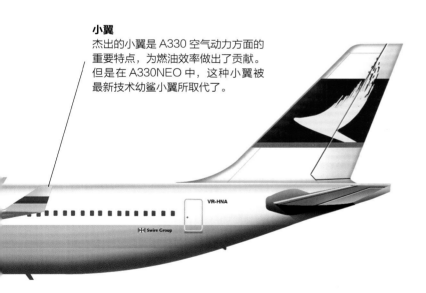

年 10 月 14 日首飞。CF6 动力版本最早运行，随后是法国国内航空版于 1994 年 1 月 17 日运行，接着是普惠版，最后是罗尔斯·罗伊斯版。项目也曾遇到过困难，1994 年 6 月 30 日发生的坠机事件导致测试人员全部遇难，也因此促使空客改进驾驶舱以防止未来相似驾驶员差错的发生。国泰航空和港龙航空在三次"空中停车"事故后，停用了旗下的罗尔斯·罗伊斯版飞机。希斯巴诺 -

空客凭借 A320 和 A330 深入亚洲市场。

苏莎公司重新设计了变速器，后来此类问题没有再出现过。

A330-200

空客在 20 世纪 80 年代曾使用过 A330-200 这一呼号，最终将其应用到与 A340-200 同等机身长度的衍生型中，但最终决定优先发展机身更长的 A330-300。1995 年，公司宣布计划发展机身更短的 -200，载客量缩减了，但增加了航程。

A330-200 载客量大约为 246 人，设有两级座舱，设计航程 11 825 米，增设额外的机翼油箱并按照标准调整了尾翼。首飞于 1997 年 8 月 13 日进行，1998 年 4 月 30 日以租借方式交付加拿大 3000 公司。同样地，CF6 发动机版最先运行，接着是普惠发动机版和罗尔斯·罗伊斯发动机版。

A330 起初订单较少，但是后来远胜于 A340；当后者逐渐消退时，A330 却继续生产。后来，因为波音挣扎于完善拥有最新技术的 787 系列，导致订购此型飞机的航空公司面临延迟收货，于是各航空公司都以 A330 作为权宜之计，

规格（A330-300）	
类型	中远程客机
尺寸	翼展 60.30 米、机长 63.69 米、机高 16.83 米
最大起飞重量	242000 千克
动力装置	2 台 303-320 千牛推力通用电气 CF6-80E1，普惠 PW4000 或罗尔斯·罗伊斯遄达 700 涡轮风扇发动机
最大速度	0.86 马赫
航程	11 300 千米
机组人员	2
乘客	两级座舱可最多容纳 300 人

既保持载客量又能较陈旧设备效率更高。空客继续更新 A330 系列，看到这一机型收益重新上升，于是宣布计划研制有效负荷更多或航程更远的大重量版本。空客 2012 年 11 月公布了变化的细节，计划 2015 年在 A330-300 上实施。空客宣称，A330-300 系列能够较 1994 年第一架运行的机型增加 50% 的航程，并且能将维修花费降低 20%。大重量的 A330-200 将在 2016 年年初交付使用，紧随其后的是 A330-200F 货机系列。

新发动机

空客也在推进 A330NEO（新发动机选择权）项目，应用罗尔斯·罗伊斯遄达 7000 发动机，更新了机舱和空气动力方面的技术，后者包括类似于 A350 XWB 的小翼以及更大的翼展。与 A330NEO 相比，燃料消耗预计每座位降低 14%。最后，空客在 2013 年发布 A330-300 支线。在国内市场需求发展的情况下，此机型能够容纳 400 名乘客。

A350 XWB

在客户要求应对波音 787 的呼声下，空客基于 A330 提出了 A350 概念，然而市场反响非常一般，各航空公司，尤其是卡塔尔航空，要求空客提供全新的飞机设计。2006 年，空客宣布新机型为 A350 XWB（额外宽体机），强调自己响应业界需求，愿意制造更加宽敞的机舱。空客大量运用最初为 A350 设想的结构，但是罗尔斯·罗伊斯遄达 XWB 是唯一的发动装置。

空客公司起初构想了三种衍生型，即 314 座的 A350-900、270 座的 A350-800 和 350 座的 A350-1000。A350-800 预计 2012 年运行，但是 A380 项目遇到困难，从 A350 这边调离资源和人员造成延迟。首飞最终于 2013 年 6 月 13 日完成，并且在 2014 年 12 月 22 日首次交付给卡塔尔航空一架 A350-900。

波音 777（1994）

凭借 777，波音向空客 A340 和 A330 发起了挑战。波音 777 具备第一代 747 的所有性能，只是燃料消耗方面有明显改善。

1986 年，波音预见到了未来市场对载客量介于波音 767-300 和波音 747-400 之间的宽体机的需求，于是计划从 1999 年 12 月开始提供这种新机型，并放弃波音 767 加大型，以便将资源集中到被称为 767-X 的机型上。1989 年 12 月，波音公司向各航空公司宣布了该机型，这直接对研究中的空客 A340、A330 和麦道公司的 MD-11 构成了挑战。1990 年 10 月 29 日，美国联合航空公司给出 34 架确认订单以及 34 架待定订单，

代表着波音 777 的正式发端。波音公司明白，为了超越欧洲竞争者的先进技术，不仅仅要在机身上，还要在设计、制造和测试的整个过程中发展并应用自己的新技术。于是，波音与达索和 IBM 共同研发计算机辅助设计 / 制造软件 CATIA，使波音 777 成为第一架完全数字化设计和预装的飞机。

1995 年 6 月，美国联合航空公司首个运行波音 777。下图中的飞机属于第一批量产的波音 777，展示了美国联合航空公司现代风格的涂装。

动力装置
通用电气、普惠和罗尔斯·罗伊斯为波音 777 研制了高涵道比涡轮风扇发动机，拥有前所未有的动力。美国联合航空为波音 777-200 选择了 PW4000，但为之后的波音 777-200ER 订单选择了普惠和通用电气联合动力装置。

三轮式主轮
布加迪设计了六轮小车式起落架，连着两套三个互相串联的轮子。这种设计较好地分配了飞机的巨大重量，不必只依赖中心线上的起落架支柱。

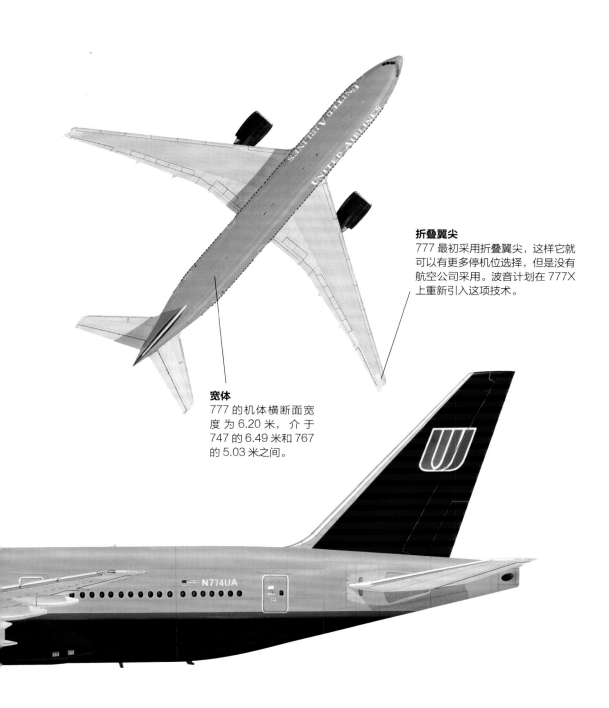

折叠翼尖
777 最初采用折叠翼尖，这样它就可以有更多停机位选择，但是没有航空公司采用。波音计划在 777X 上重新引入这项技术。

宽体
777 的机体横断面宽度为 6.20 米，介于 747 的 6.49 米和 767 的 5.03 米之间。

N774UA

波音为 777 建立了全球供应链，首次与国外伙伴共同承担风险。其中，日本一些工业企业在该项目中承担 20% 的风险。

波音成立了多个设计小组，每个小组负责飞机不同的层面，最终汇总到公共数据库中。波音还积极与客户沟通，尤其是美联航，以保证波音777能够满足它们要求和预期，同时确保777运行后尽量不出问题。

波音首次在777上完整地采用了电传操纵系统，并且在专门设计的装备上测试了该系统。这次测试共有九架飞机参与，每一架都负责特有的

英国航空公司是777的主要客户。它最初拥有5架777-200，包括图中这架；之后又购进44架波音777-200ER和6架波音777-300ER。

测试内容。

提供给客户的三种发动机选项均出现在此测试机队中：5架PW4000，2架通用电气GE90和2架罗尔斯·罗伊斯遄达。能够跨洲运行已经成为空客A300-600和A310等双发飞机的标准，航程较长的波音767则按照ETOPS（航程扩展运行）的规范。运行中的飞机基于其飞行可靠性颁发ETOPS证书，而波音777搭载三种发动机的机型都被授予了等级最高的ETOPS证书，这就允许飞机在远离备降机场180分钟以外的航线上飞行。

波音777 腾飞

1994年6月12日，波音777完成首飞，得益于之前的多架飞机的测试项目，美国联合航空1995年6月7日就将777投入了运行。尽管航空公司和制造方紧密合作，但运行初期仍然出现了一些问题，给双方造成了诸多不便。尽管如此，美联航仍对产品信赖有加，2007年12月接收了最后80架波音777-200和200ER。

规格（777-300ER，最大重量配置）	
类型	远程高载客量客机
尺寸	翼展64.80米、机长73.90米、机高18.50米
最大起飞重量	351 530千克
动力装置	2台512千牛推力通用电气GE90-115B涡轮风扇发动机
最大速度	0.84马赫
航程	14 490千米
机组人员	2
乘客	三级座舱可最多容纳386人

波音很快就发掘出了777飞行更远航程的潜力，将最初的777-200机型在它所谓的"A市场"中，即美国国内市场中加以推广。对于"B市场"，也就是欧洲市场，波音推出了777-200IGW，这也导致了这一系列的命名混乱，直至最后定为777-200和777-200ER。

机身加长后，波音777一个舱位布局的载客量就几乎等同于波音747-400、747-550。波音777-300机身加长10米，实际上是一个典型的三级舱位机型，能够载客479人、航程最远达10 850千米，载客量和航程结合起来可与747-100/200衍生型相媲美。

波音777-300采用两台现代高涵道比涡轮风扇发动机，能节约30%的燃料，十分经济。国泰航空于1998年6月接收了第一架搭载遣达发动机的777-300。

1997年，波音开始研究777-200ER和777-300航程更长的衍生型，分别命名为777-200X和777-300X。空客也在研制重装发动机的A340-500和A340-600，目标分别是执飞终极远程和高载客量远程航线。波音也开始在同样的方面改进777，但是发动机数量减半。A340-600也对747-400造成了威胁，后者只对该机型的最大航程做出要求，却并未过多地考虑过载客量，而777-300X承诺要解决这方面的问题。

波音这两种机型最终成为777-200LR和777-300ER，前者还衍生出777F货机，它们都表现的极度出色，有效地将空客排挤在了市场以外——A340最终停产。2013年，波音宣布继续改进和发展777，提供777X的两种衍生型777-8X和-9X，大约会在2020年投入使用。综合了最新技术，新合成机翼和通用电气GE9X发动机的波音777，将向空客A350XWB发起挑战。

777-200LR和 -300ER

2000年2月，波音开始制造777-200LR和777-300ER，当时它们还被称作环球飞机。这两种机型都采用了新的斜削式小翼，以提高燃油效率和使用性能。波音还与通用电气签署了独家协议，因此，所有777-200LR和777-300ER飞机都采用GE90发动装置。在777-300ER应用中，GE90-115B提供了521千牛的推力，着实令人震惊；LR的512千牛-115BL发动机动力可以降为489千牛，但是波音也为其安装了3个辅助油箱。这两款飞机表面上同它们的母体777-200以及777-300非常相似，但实际上有35%重新设计过。

波音于2002年11月14日首飞了777-300ER，2004年4月29日交付法国航空运行。777-200LR在2005年3月8日首飞，并且很快成为777F的基础，后者于2005年5月推出，2009年2月19日即交付法国航空，随后也销售给联邦快递等公司。

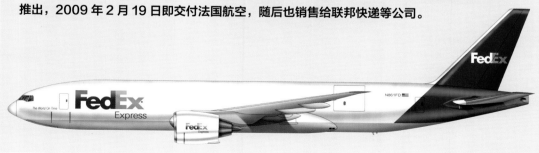

巴西航空工业公司 ERJ（1995）

巴西航空工业公司（Embrer）是飞机制造业的新秀，但是其制造的第一架喷气式客机就取得了非凡的成绩——直接与庞巴迪、CRJ 竞争，共同奠定了喷气式客机在支线飞机市场的地位。

巴西空军军官内格罗·菲里奥在圣若泽杜斯坎普斯市设立了一个专门研究航空航天的学校，该市的飞机制造业也就随之起步。后来，菲里奥负责航空材料部门。1943 年，他开始筹划研究中心，该研究中心最终发展成为宇航技术中心（CTA）和宇航技术学校。

该学校 1950 年开始教学活动，海因里希·福克是被其现代校园吸引而来的专家之一。很快，

巴西的制造能力就开始发展，因此成立一家飞机公司来制造涡轮螺旋桨飞机也在考虑之中了。1969 年 8 月 19 日，巴西航空工业公司成立，它就是这些发展的直接产物。该公司的第一个产品

波兰航空公司运营 14 架 ERJ145。在机队更新时，它仍对巴西航空工业公司情有独钟——2015 年购得同一公司的 E170、E175 和 E195 机型。

CBA-123 遗赠
ERJ 机首部分和起初的机舱装置均来自废弃的 CBA-123 涡轮螺旋桨发动机设计。

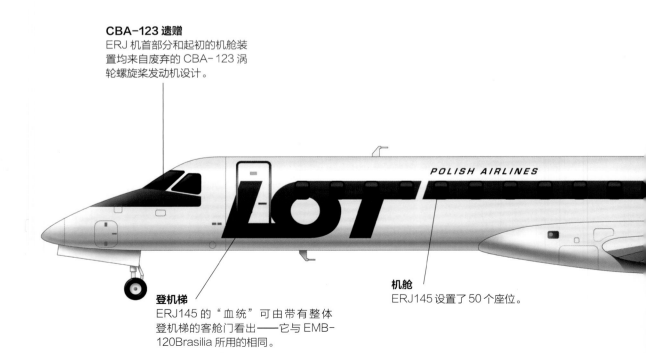

登机梯
ERJ145 的"血统"可由带有整体登机梯的客舱门看出——它与 EMB-120Brasilia 所用的相同。

机舱
ERJ145 设置了 50 个座位。

就是涡轮螺旋桨飞机 EMB-110"班代兰蒂"，于 1972 年首飞。

EMB-110 能容纳 16 人，在欧洲和美国大获成功。"班代兰蒂"和类似的竞争机型服务于美国支线航路。运营商开始要求制造载客量更大的飞机。巴西航空工业公司考虑制造增大加压版的 EMB-100，但最终还是决定制造 30 座的 EMB-120Brasilia。EMB-120Brasilia 于 1983 年完成首飞，EMB-120 再次打入美国市场，并在全球销量颇佳，这证实了巴西航空工业公司作为优质支线飞机制造商的美誉，并且为其制造新飞机的雄心打下了基础。

发动机

巴西航空工业公司与阿根廷福莫萨公司共同

上图：英国地区航空公司代表英国航空运行 ERJ145。

电子飞行信息系统
巴西航空工业公司 ERJ 的航空电子设备基于霍尼韦尔 Primus 1000 系统，包含五屏电子飞行信息系统。

生产
ERJ 机身组件源于国际供应链，包括来自比利时、智利、西班牙和美国的制造商。

研制 CBA-123 机型，生产出了不同寻常的推杆式涡轮螺旋桨，但很快就放弃了。巴西航空工业公司还考虑制造加长版的 Brasilia，采用安装在机翼上的艾莉森 GMA3007 涡轮风扇发动机，可搭载 45 人。该机型在 1989 年巴黎航展上亮相，

PT-ZJC 是第二架 ERJ-135 的样机。此模型的机身前段较 ERJ145 有所缩短。

但是在风洞试验中表现不佳。

因此，巴西航空工业公司设计了新款后掠翼，将发动机安装在机身后段，同时还加长了机身，可容纳 50 名乘客。由于这一预估 3 亿美元的项目缺乏必要的资金，因此巴西航空工业公司采取了同合作者、供应商分担风险的模式。1995 年 8 月 11 日，如今被称作 EMB-145 的第一个机型首飞。

区域对手

庞巴迪的 RJ 已经热卖了，巴西航空工业公司才交付了第一架 EMB-145 给美国大陆捷运公司，显示出北美洲的航空公司对支线飞机的需求。大陆捷运 1997 年 4 月 6 日首飞这一机型，那时巴西航空工业公司已开始制造重量更大、航程更远、动力选项更多的系列衍生机型。同时也将飞机名称改为 ERJ-145，引入了支线飞机的首字母缩写 RJ，后来又将命名改为 ERJ145。

规格（ERJ145ER，加长航程）

类型	短程 / 支线客机
尺寸	翼展 20.04 米、机长 29.87 米、机高 6.76 米
最大起飞重量	20 600 千克
动力装置	2 台 31.30 千牛推力罗尔斯·罗伊斯 AE3007A 涡轮风扇发动机
最大速度	833 千米/时
最大航程	2963 千米
巡航高度	11 275 米
机组人员	2
乘客	单一等级座舱可最多容纳 50 人

巴西航空工业公司也看到了市场对于小容量支线飞机的需求，于是缩短 ERJ-145 制造出 37 座的 EMB-135（ERJ135）。EMB-135 于 1997 年 9 月开始制造，保持了 EMB-145 动力装置，但现在已经换成了罗尔斯·罗伊斯 AE3007 发动机。EMB-145 于 1998 年 7 月 4 日完成首飞，1999 年开始执飞美国大陆捷运的航班，但销量仍令人失望。

ERJ135 销量不佳的原因部分在于 9·11 恐怖袭击后全球空运总量的下滑，许多航空公司削减了机队，或者采用更为经济的设备。如此一来，涡轮螺旋桨 37 座客机的消耗就显得非常大。巴西航空工业公司还制造了 44 座的 ERJ-140 来填补 ERJ135 和 ERJ145 之间的空白，为运营者提供了最大限度的灵活性。ERJ-140 于 2000 年 7 月 27 日首飞，美国之鹰航空公司订购了 130 架，但是在 9·11 事件的影响下，其销量依然不佳。

ERJ 作为一个系列，销量轻易超过了之前巴西航空工业公司的销量最佳产品"班代兰蒂"。中国市场对这一机型的兴趣使得巴西航空工业公司在中国设立了生产线，还以 EMB-145 作为几个特殊任务军用机型的基础。ERJ135 相对容易地改造成了 Legacy 600 商务机，很快就帮助巴西航空工业公司在飞机制造业竞争最激烈的领域占据了一席之地。

乘客体验

巴西航空工业公司是最初真正考虑乘客体验这一概念的公司之一。ERJ 为乘客提供了舒适的乘坐环境，但是通过市场调研活动，巴西航空工业公司也发现越来越多的乘客正在用网络来分享自己的旅行体验。

乘客会在网上点名指出航空公司的服务好坏，有的甚至还挑出具体机型和机舱特点来评价。通过这些反馈，巴西航空工业公司改进了后来的支线飞机 E-Jet，以迎合客户需求，从而让乘客对 E-Jet 保持忠诚。

巴西航空工业公司 E-Jet（2002）

E-Jet 是新型较大支线客机里的佼佼者，销量持续强劲。巴西航空工业公司的这些机型航程最大，赶上了空客和波音的小型飞机，销量甚至大幅度超越它们。

令人钦佩的是，巴西航空工业公司曾被私有化，而且在整个 ERJ145 发展过程中都面临财政压力。尽管面临失去工作和资金匮乏的情形，但公司里一些有远见的人还是看到了未来市场。他们意识到城际支线航班的乘客数量将会稳定增长，航空公司最终会需要更大的客机并支付更高的生产费用。

早在 1995 年，巴西航空工业公司就考虑制造一架比 ERJ145 更大的基线飞机；到 1998 年，

借助当时还算很新的 ERJ145 的成功之势，巴西航空工业公司开始向潜力客户提出 E-Jet 的构想。1999 年巴黎航展，这架机型很快赢得了十字航空公司 30 架的订单。之后，这一模型被重新命名为 170 或 E170，随后的支线飞机系列被称为 E-Jet。

巴西航空工业公司历经艰难，最终将

英国支线航空公司弗莱比于 2006 年购进 E195。实践证明，此型号飞机能够持续高效地运行。

平视显示器
巴西航空工业公司为飞机安装了两个平视显示器，这在商用飞机制造中尚属首例。平视显示器可以在能见度低的情况下为着陆提供关键信息，使飞行员保持平视姿势，无须总是低头看仪表。

航空电子设备
霍尼韦尔公司 Primus Epic 航空电子设备成套安装于 E-Jet 上，有五块屏幕显示信息。飞行员通过类似于笔记本电脑触控板的光标控制面板在屏幕上操作。

ERJ145 投入市场，并且销量可观，但是公司放弃了早期机型的配置，开始了全新的探索。E-jet 在配置上更接近于小型主线飞机，而不是支线飞行，翼下安装了通用电气 CF34 发动机。这种机型在设计时注重可延伸性，因为巴西航空工业公司一直计划延续 ERJ 170-100 机型以研制 ERJ 170-200，载客量由 78 人增加到 86 人。

加长E-Jet

霍尼韦尔航空先进的电子系统所发生的故障造成首飞从 2000 年延迟到了 2002 年 2 月 19 日，所以 E170 赶上了 9·11 事件后空运量的全球下滑。其直接影响就是十字航空公司接管了萎靡的瑞士航空，创立了瑞士国际航空公司。因此，瑞士不再需要 E-Jet，订单便随之取消。

电传操纵系统
E-Jet 设计为电传操纵系统。第一代飞机和 KC-390 运输机的经验让巴西航空工业公司能够为 E2 研制出更先进的电传操纵系统。

高尾翼
E190 机身加长，因而降低了横向稳定性，这就迫使巴西航空工业公司安装更高的尾翼，而这一特点也沿用到了 E195 上。

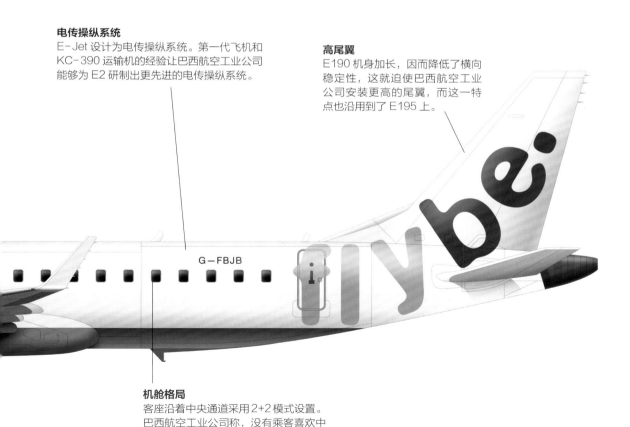

G-FBJB

机舱格局
客座沿着中央通道采用2+2模式设置。巴西航空工业公司称，没有乘客喜欢中间的座位，这样设置就保证了座位要么靠近窗户，要么挨着通道。

但是，E170 仍是非常出色的机型。随着波兰航空公司 2004 年 3 月首次购进，它将支线服务推到了全新水平。紧随其后的是美国航空和意大利航空航空公司。由于命名的改变，ERJ170-200 成为 E175，并于 2005 年为加拿大航空服

E195 在 E-Jet 系列中机身最长，拥有新的机翼和改进的尾部。

务；同年，美国捷蓝航空公司购进了机身更长的 E190，载客量多达 106 人。

因 E190 的载客量接近 A318 和波音 737-600，巴西航空工业公司凭其首次与空客及波音展开角逐。历史证明，各航空公司还是比较偏爱巴西航空工业公司的飞机，因为空客和波音的销量平平。而在此时，巴西航空工业公司又发布了 E195。机身较 E190 更长且载客量高达 118，而 E195 则于 2006 年在弗莱比航空公司投入运行。

巴西航空工业公司对于 E-Jet 采用了家族模式，旨在为航空公司提供绝佳的灵活性，可使其在 78 人和 118 人的载客量之间进行选择，这样，即使市场需求有所波动，航空公司也仍可精确满足市场需求。得益于各个机型共同的飞行评级，同一飞行员可以在运量高峰期间驾驶 E195，还可以在低谷时驾驶 E170。

巴西航空工业公司还向运行大型飞机的航空

规格（E170AR）

类型	短程 / 支线客机
尺寸	翼展 28.50 米、机长 29.67 米、机高 7.47 米
最大起飞重量	38 600 千克
动力装置	2 台 63.15 千牛推力通用电气 CF34-8E 涡轮风扇发动机
最大速度	0.82 马赫
最大航程	3982 千米
巡航高度	12 497 米
机组人员	2
乘客	单一等级座舱载客量达 78 人

公司推广自己的产品，比如，低谷时运行一架满座的 E195，比运行一架只有三分之二上座率的 A320 更为经济，而且能够扩展之前不稳定的市场。E-Jet 拥有基本航程、远程（LR）和升级航程（AR）等衍生机型，后两者适合飞行长途路线，远远超出通常意义上的支线范畴。E170AR 可以满载飞行 3982 千米，而 E195 以相同载客量可以飞行 4448 千米。由于表现卓越、巴西航空工业公司关注乘客体验以及航程不断增加，E-Jet 变得非常受欢迎。

E2：下一代E-Jet

与现有的支线飞机相比，庞巴迪 C 系列极大提高了燃油效率，而巴西航空工业公司也被迫做出反应。基于已有的 E-Jet 系列，巴西航空工业公司研制出两个新的机翼装置，并且采用了普惠的低排放动力齿轮传动涡轮发动机技术。新的机翼采用斜尖形状，并且修改了发动机的外挂架。E175-E2、E190-E2 拥有不同的机翼，但将来不会生产 E170-E2 机型。

小型飞机使用 PW1700G 发动机，而两架大型飞机使用 PW1900。从第一代 E-Jet 上发展而来的电传操纵系统也帮助提高了效率，更小的尾翼面减小了阻力，而且在气流波动中也能够更舒适地飞行。它拥有全新的机舱内部设备、更加集成的航空电子信息设备，但是机组成员从 E-Jet 适应 E2 仅需很短的时间。

巴西航空工业公司计划在 2018 年前半年交付 E190-E2，在 2019 年和 2020 年分别交付 E195-E2 和 E175-E2。对于后者，巴西航空工业公司承诺每座位的燃油率较 E175 减少 18%，航程达 1112 千米，两级舱位载客量达到 80 人。

空客 A380（2005）

在空客制造出空间更大的 A380 之前，波音 747 一直独占鳌头，备受青睐。这架来自欧洲的"超级巨型飞机"虽然经历了艰难而又漫长的研制过程，但是它达到了服务和客户体验的新高度。

20 世纪 80 年代末，空客开始考虑制造一个能够真正挑战波音 747 的机型。一直以来，波音 747 都独领风骚，而空客也计划制造一架比美国这个庞然大物载客量更大的飞机。波音似乎没有更新 747 的计划，而是设法提高机场间点对点服务的效率；可是空客却坚持在主要交通枢纽之间使用大型飞机。

随着航班的增加，机场附近的居民越来越不能容忍巨大的噪声，这显然证明空客具备先见之明。1990 年，空客开始了"超大飞机"的研究，1994 年晋级为 UHCA（超高载客量飞机）项目；与此同时，空客还与波音合作研究"超大商用飞机"。但在 1996 年，二者还是分道扬镳了。空客继续推进 UHCA 项目，并认真对待，到 1998 年，

运营状况
根据空客的说法，复合材料、先进机翼、高效发动机和其他技术能够使 A380 的每座直接操作费用比波音 747-8 低 15%。

驾驶舱
A380 机组人员通过八屏系统操控飞机，使用轨迹球来控制光标在屏幕内或屏幕间的移动。

刹车至脱离技术（BTV）
A380 机组成员使用 BTV 功能计划整个降落过程，以达到在正确跑道上高效降落。

该机型成为 A3XX。这是非常出色的机型，由 4 台涡轮风扇发动机提供动力，并且有两层客舱容纳乘客。

A380 机组成员使用 BTV 功能来计划整个降落过程，以达到在正确跑道上高效降落。在空客尚未决定是否愿意冒险发布 A3XX 的时候，就有 5 家航空公司提出了至少 30 架订单的需求。2000 年，空客最终与阿联酋航空、法国航空、国际租赁金融公司（ILFC）、新加坡航空、澳洲航空和维珍大西洋航空公司签署了谅解备忘录，其中包含 50 个确定订单和 42 个意向订单。这个新机型还被媒体称为"超大飞机"，在 2000 年 12 月 19 日发布，命名为"A380"。

该机有两种 311~338 千牛推力的发动机供客户选择：发动机联盟公司的 GP7200 和罗尔斯·罗伊斯公司的遄达 900。两种发动机均为此机型设计，遄达 900 是已有遄达系列的延伸，GP7200 则是通用电气和普惠合作项目的产品。

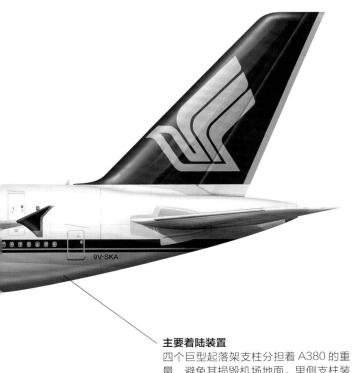

2007 年 10 月 25 日，图中飞机从新加坡飞往澳大利亚悉尼，这是 A380 首次进行商业飞行。从 2007 年开始，A380 从开始运行到实现收支平衡，几乎用了整整十年时间。空客正在考虑更新机型，以保证这架超大飞机在未来的竞争中仍处在前端地位。

9V-SKA

主要着陆装置
四个巨型起落架支柱分担着 A380 的重量，避免其损毁机场地面。里侧支柱装有六轮负重轮，外侧支柱装有四轮。

后来，遄达版本于 2003 年 3 月首飞，GP7200 版则是在 2004 年 12 月首飞。

超大飞机衍生型

最初的 A380-100 计划载客 555 人，后来它很快就更名为 A380-800。A380-800F 货机就是以此为基础研制的，有效负荷为 150 吨，然而很快就被取消了，480 座的 A380-700 也遭遇

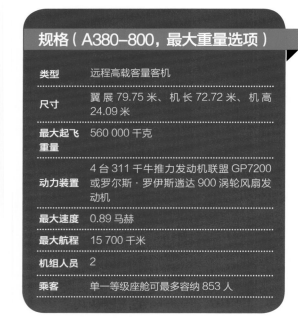

规格（A380-800，最大重量选项）	
类型	远程高载客量客机
尺寸	翼展 79.75 米、机长 72.72 米、机高 24.09 米
最大起飞重量	560 000 千克
动力装置	4 台 311 千牛推力发动机联盟 GP7200 或罗尔斯·罗伊斯遄达 900 涡轮风扇发动机
最大速度	0.89 马赫
最大航程	15 700 千米
机组人员	2
乘客	单一等级座舱可最多容纳 853 人

2011 年 2 月 28 日，汉莎航空首次运行 A380，飞往纽约。

了同样的结果。这就使延伸版 A380-900 成为最终潜力衍生机型，但是这个也没能继续发展。空客原计划 2004 年首飞 A380，并在两年后投入运营。

最后在 2005 年 1 月 18 日，第一架 A380 在图卢兹推出，但是在大约两个月后，准备工作才完成，它最终于 4 月 27 日首飞。空客用 5 架飞机参加测试检定项目，同时用另一架专门进行长达 27 个月的疲劳测试。测试飞机中的 4 架搭载罗尔斯·罗伊斯发动机。GP7200 版于 2006 年 8 月 25 日完成首飞。

但是 2005 年 6 月，A380 飞机的线缆隐约出现了危机，尤其是其机翼上的。UI 后的修复工作缓慢又艰难。为此，空客进行了多处重新设计，不得不重新生产线缆装置。但这让 A380 失去了宝贵时机。

其余可能出现的问题相对来说都容易处理。运营者和监管者担心，一旦遭受袭击，让所有乘客从机上撤离可能比较困难。但在 2006 年 3 月，20

位机组成员和 853 位扮演乘客的人在 78 秒内从 8 个出口顺利逃出，证明了该机型撤离的安全性。

2007 年 10 月 15 日，空客将第一架 A380 交付给新加坡航空。新加坡航空于 10 月 25 日正式运行 A380，乘客对其的好感很快就显现了出来。不久，阿联酋航空和澳洲航空也开始以 A380 执飞。

A380 非常复杂，但燃油系统、光标和舱门噪声问题都陆续得到了解决，两个更加严重的问题也是如此。2010 年 11 月，澳洲航空的 A380 的一台遄达发动机出现故障。虽然飞机安全着陆了，但人们最终发现这问题源于制造误差，于是所有运行中的遄达版本 A380 都停飞检查。

后来，链接翼肋和飞机表层部分出现的细小裂痕也得到了修复，但是花费不菲。抛开那些问题，A380 还是被各航空公司认为是一流飞机，也深受乘客喜爱，但是订单并没有空客预计的那么多。2014 年年末，空客公司高管评论道，这个项目在 2015 年价格预计大跌，然后销量平平地进入 2018 年。目前，A380 有 318 架飞机订货，147 架已交付，空客公司已表示，会从 2021 年起正式停止交付 A380 客机。

客户体验

A380 宽敞的空间使得各航空公司在客户体验方面探索出了全新概念，尤其是在头等舱和特级头等舱中。阿联酋航空第一个为贵宾设置了淋浴。而阿提哈德航空在 2014 年 12 月开始运行 A380 时，就为头等舱设置了套房。每架飞机仅设置了一个套房，它包含三个房间：酒吧间、双人床房和浴室，还包括专门服务的男乘务员和综合娱乐设施。

波音 787 梦想客机（2009）

787 梦想客机可能是波音所制造的最具雄心、技术最先进的飞机。就像空客的 A380，波音从生产高科技 787 机型到投入市场这个过程中历经波折，但是梦想客机在运行中证明着自己。

空客设计了 A380 将大量乘客运送到主要枢纽机场，然后由小型飞机再将他们带往最终目的地。传统运营方式很快随着超大喷气客机进入市场而改变，而 A380 试图减少进入枢纽机场的大型飞机数量。

当波音发觉加长后的高科技 747 机型的市场效益不佳时，便开始了多项研究，并且找到了缓解拥堵和噪声的新方法。波音提议，通过远程飞行，高效中型飞机能够直接连接两个城市。波音开始重新关注曾经的远程单一航线，其新款飞机将会飞往那些拥有小型机场的城市，从而缓解枢纽压力，并且减少支线对接的需求。

2001 年，波音公司披露了一个更加激进的

2012 年 12 月 13 日，卡塔尔航空首次运行 787-8 梦想客机。该航空公司早在 2007 年 4 月 5 日便订购了 30 架 787-8 梦想客机。

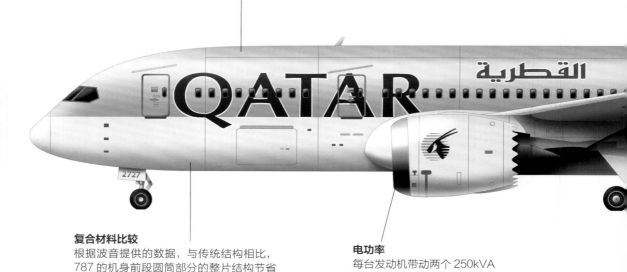

复合材料
波音公司在 787 上大量采用复合结构。按其重量计算，大约 50% 的结构都是复合材料。

复合材料比较
根据波音提供的数据，与传统结构相比，787 的机身前段圆筒部分的整片结构节省了 1500 块铝板和多达 50 000 个紧固件。

电功率
每台发动机带动两个 250kVA 发电机，以满足为 787 的电能需求。

想法的不少细节。波音公司公布的新飞机能够载客 250 人，最远航程可达 16 660 千米，而巡航设计时速为 0.98 马赫。除协和式超声速喷气客机，它远远超过其他飞机。这架新飞机以比音速稍慢的速度飞行，从而避免了过多的燃油消耗和超音速飞行导致的音爆问题，还大大节约了旅行时间。音速巡航机本来预计在 2008 年投入运行，但是在 9·11 事件后并没有得到航空公司的青睐。在当时，运营效率比速度更为重要。

由于客户不感兴趣，波音于 2002 年放弃了

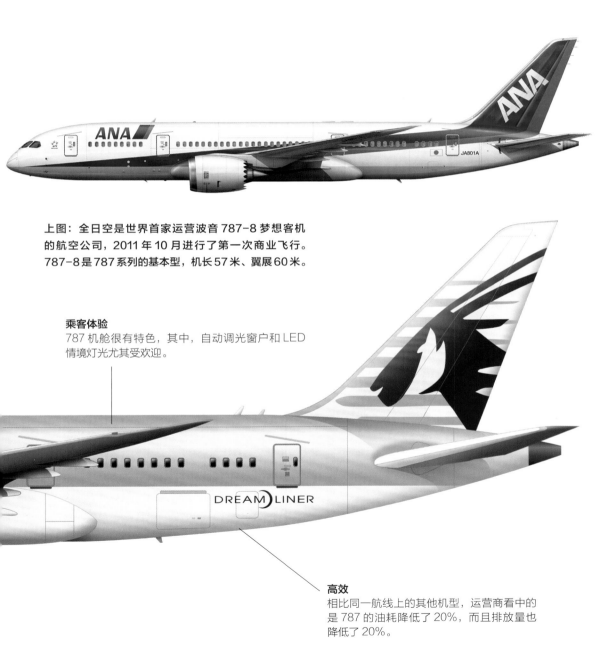

上图：全日空是世界首家运营波音 787-8 梦想客机的航空公司，2011 年 10 月进行了第一次商业飞行。787-8 是 787 系列的基本型，机长 57 米、翼展 60 米。

乘客体验
787 机舱很有特色，其中，自动调光窗户和 LED 情境灯光尤其受欢迎。

高效
相比同一航线上的其他机型，运营商看中的是 787 的油耗降低了 20%，而且排放量也降低了 20%。

音速新机型，而将注意力转向 7E7 项目。7E7 项目雄心勃勃，它将利用未来技术来实现中远程航线燃油低于其他飞机的目标。由于波音公司的视野是"全电子"系统，而不是依靠仅仅改进发动机的传统设计，这就需要全新的发动机来与之匹配。另外，波音还将以前所未有的规模使用轻型

787 安装了最新导航程序，优化了机组效率。同时，它还保留了 777 的一些特性。

复合材料，彻底改变乘客体验。

　　这个项目的宏伟目标再加上增长的员工福利花销让波音高管层意识到，他们应该寻求能够分担风险的合作伙伴，建立全球供应链。最后，超过 40 家宇航公司参与进来，从世界各地提供组件。在 2004 年 4 月发布 7E7 为生产项目时，波音公司就命名其为 787，后来又将它称作梦想客机。

定义梦想客机

　　波音在研制梦想客机过程中不仅将现有技术发挥到了极致，在与伙伴的密切合作中还开发出了高新技术。例如，787 的机身是由一系列整片复合材料制造的，这比传统材料减轻大约 4536 千克。机翼也大量采用复合材料结构，还包括斜翼尖，以达到最佳效率。

　　波音公司深知主要的节能技术在于 787 的动力装置。罗尔斯·罗伊斯遄达 1000 发动机和通

规格（787-9 梦想客机）	
类型	中远程客机
尺寸	翼展 60 米、机长 63 米、机高 17 米
最大起飞重量	252 651 千克
动力装置	2 台 320 千牛推力罗尔斯·罗伊斯遄达 1000 或通用电气 GEnx 涡轮风扇发动机
最大速度	0.85 马赫
最大航程	15 372 千米
机组人员	2
乘客	单一等级客舱可最多容纳 280 人

用电气 GEnx 发动机是专门为了支持电子架构而设计的。前者有基于 A380 的遄达 900，而后者也将 GE90 技术运用到了 GEnx 当中。两种发动机都安装在扇形机翼结构的短舱上，都可降低噪声。

第一架梦想客机于 2007 年 7 月 8 日推出，但是首飞希望很快就破灭了。由于供应链太过繁多，该架飞机的很多主要组件上的内饰工作还没完成。机内线路布置和其他关键构造问题也还没有完成。现在回想起来，当时的研制过程确实痛苦又艰难，但是波音公司在此期间也将其供应链打造成型。

波音公司的整个生产线还曾受到罢工的影响，持续 58 天的罢工大大推迟了梦想客机的进度，但是这架飞机终于在 2009 年 5 月 3 日进入了航线。但就在此时，波音发现机身和机翼连接处的结构需要加固，这又耽误了首飞。首飞不得不推迟到 12 月 15 日进行。至此，这架飞机终于完成了首飞。

共有 8 架飞机参与了 787 的测试和检定项目。2011 年 9 月 25 日，首架飞机交付全日空航空公司（全日空），燃油的高效性和优异的乘客体验很快显现出来，但是问题仍然存在。2013 年 1 月，一架日本航空（JAL）的客机发生燃油泄漏；同月，全日空和日本航空的 787 飞机发生火情，都与 787 上的高科技锂电池有关。于是，这些飞机停飞三个月。在停飞期间，波音重新设计并安装电池。机队于 4 月下旬就又恢复了运行。

2013 年 7 月，埃塞俄比亚航空公司的一架787 又出现火情。调查结果显示，问题出在应急定位信标的电池上。波音竭尽全力寻找解决办法，到 2014 年，该机型开始成熟。同年 6 月，第一架 290 座的 787-9 交付新西兰航空公司，与250 座的 787-8 一起投入运营。

787衍生型

波音 787-8 是梦想客机的基本型。它能够容纳 250 名乘客，航程长达 14 500 千米，是 767-200ER/300ER 的继承者。接下来投入运营的是 787-9，载客量 280 人，航程为15 372 千米，是空客 A340-300 和 777-200ER 的有效替代机型。最后是 787-10，当时预计 2018 年交付，它可载客 330 人，最远航程 12 964 千米，是空客 A350-1000 的直接竞争机型。